GÉOMÉTRIE POPULAIRE

ARTISTIQUE

ET

DESSIN

LINÉAIRE FAMILIER

Suivi du DESSIN D'APRÈS NATURE, sans maitre; Système d'ABRAHAM
BOSSE ET de CAVÉ, perfectionné

PAR

GOUPIL

PROFESSEUR DE DESSIN, ET ÉLÈVE D'HORACE VERNET

BIOLOT

Paris, **DESLOGES**, LIBRAIRE-ÉDITEUR,
4. rue Croix-des-Petits-Champs.

1859

Paris. — H. CARION, impr., rue Bonaparte, 64.

GÉOMÉTRIE POPULAIRE

ARTISTIQUE

ET

DESSIN

LINÉAIRE FAMILIER

Texte accompagné de nombreuses planches :

Notions géométriques primaires, enseignées par l'alphabet. — Nous sommes tous géomètres. —
Termes scientifiques de la géométrie, leurs étymologies expliquées. — Géométrie du papier
et des ciseaux — Le maniement des instruments de mathématiques. — Procédés graphiques
les plus utiles au tracé des lignes et des figures. — Mesure des lignes, des angles des
surfaces et du volume des corps. — Notions élémentaires de perspective. — Idée
sommaire de la coupe des pierres. — Méthode géométrique pour construire
en carton et en relief les principaux soldes réguliers et irréguliers, pour
servir d'étude introductive au dessin artistique d'après nature. —
Application des connaissances précédentes aux créations
ornementales et à la considération des formes dans la
nature, au point de vue du bon goût et
du plaisir des yeux.

Suivi du DESSIN D'APRÈS NATURE, sans maitre; Système d'ABRAHAM
BOSSE ET do CAVÉ, perfectionné

PAR

GOUPIL

PROFESSEUR DE DESSIN, ET ÉLÈVE D'HORACE VERNET

————— ❧❀❧ —————

PARIS

DESLOGES, LIBRAIRE-ÉDITEUR
4, rue Croix-des-Petits-Champs.

—

1859

V

BIBLIOTHÈQUE ARTISTIQUE.

Peinture sur porcelaine, verre, émail, stores, écrans, marbre, etc., par C. Lefebvre. 1 vol. in-8...................... 1 fr.

A B C du Dessin et de la Perspective, orné de 8 planches d'études graduées.................................... 1 fr.

La Miniature. 1 vol. avec planches d'étude .... 1 fr.

Le Paysage et l'Ornement. 1 vol. in-8, orné de planches d'é-tude... 1 fr.

Le Pastel, par Goupil, élève d'Horace Vernet. 1 vol. in-8 avec planche... 1 fr.

Le Dessin expliqué, mis à la portée de toutes les intelligences. 1 vol. in-8, orné de 30 sujets d'étude................... 1 fr.

La Peinture à l'huile, par Goupil, élève d'Horace Vernet, suivi d'un Traité de la restauration des tableaux. 1 vol. in-8.... 1 fr.

L'Aquarelle et le Lavis, par Goupil, élève d'Horace Vernet. 1 vol. in-8, avec planches d'étude..................... 1 fr.

Le Modelage. 1 vol. in-8 orné de planche d'étude....... 1 fr.

La Photographie pour tous. 1 vol. in-8............. 1 fr.

Guide du Peintre-Coloriste, comprenant le coloris des gravures, lithographies, vues sur verres, pour stéréoscope; du Daguerréo-type et la retouche de la Photographie à l'aquarelle et à l'huile, par C. Lefebvre. 1 vol. in-8.......................... 1 fr.

Traité de Vitrau-Manotypie, ou l'Art de faire soi-même les vitraux factices, etc., par Lefebvre. 1 vol. in-8.......... 1 fr.

Manuel artistique et industriel, contenant les Traités de Dessin industriel, de Morphographie, des Ombres, Hachures et Estompes, de Géométrie, etc., avec 22 planches d'étude............. 1 fr.

AVIS.—On se charge d'éditer tout Manuel ou Traité artistique.

Paris. — Imp. de H. CARION, rue Bonaparte, 64.

INTRODUCTION.

Les nombreux ouvrages écrits sur toutes les branches des arts du dessin démontrent que le champ de leur étude est illimité. Il ne faut pas néanmoins que la difficulté de s'instruire en un moment étouffe en nous la curiosité qui est le premier pas vers la lumière. Tout le monde peut devenir savant, il ne faut qu'avoir le désir de s'amuser, et de rencontrer le livre qui nous amuse, car nul n'a le temps de s'ennuyer. La science effraye beaucoup par les déguisements antiques sous lesquels elle reste cachée; les dénominations grecques et latines font peur aux gens et semblent n'exister que pour le malheur des mémoires ingrates. J'entreprends de traiter ici un sujet dont la difficulté réside précisément dans la nécessité de me mettre au niveau des intelligences les moins cultivées qui sont les plus nombreuses; je vais néanmoins tenter de les initier aux premières idées géométriques par la simple considération des formes linéaires observées dans l'alphabet des lettres initiales romaines.

Je les nomme :

La majuscule I est la *verticale*.

La lettre ɪT² est la *verticale* surmontée par l'*horizontale*. L¹ ou ⌐ retourné donne un angle droit. T renferme deux angles droits. $\frac{1}{2}$ ⅃⅃ lignes obliques et angles droits.

Dans H les deux montants sont deux barres *verticale parallèles* traversées par une ligne *horizontale*.

Dans le Z les lignes supérieure et inférieure sont *paral-*

lèles ; la barre inclinée qui les unit est une ligne qui n'est ni verticale ni horizontale mais *oblique,* formant deux angles appelés *aigus* parce qu'ils sont plus *pointus* que l'angle droit.

Le $\overset{1}{\text{V}}$ est un angle aigu [1].

La lettre $_1\overset{2}{\underset{4}{\text{X}}}_3$, faite de deux lignes qui se coupent, donne quatre angles opposés au sommet, [1] [2] [3] [4].

La lettre $_2\overset{1}{\text{Y}}_3$ donne trois angles : un aigu [1] en haut, et deux, [2] et [3], qu'on nomme obtus de chaque côté.

Le $\overset{1}{\underset{3}{\text{K}}}_2$ donne une *verticale,* deux *obliques* et trois angles de suite.

Les lettres M N offrent des verticales parallèles, des lignes obliques et des angles saillants et rentrants.

Les formes symétriques sont renversées, A est la symétrie de V.

E F sont composées de verticales et de parallèles.

On voit que les lettres A E F H I K L M N T X Y Z ne renferment que des lignes droites dans différentes positions qui font connaître des caractères géométriques très-distincts ; il n'y a que la lettre A qui renferme un espace terminé qui est un triangle, toutes les autres contiennent des espaces angulaires. Un angle quelconque est une pointe ou espace ouvert d'un côté et compris entre deux lignes. Toutes les autres lettres sont composées de droites et de courbes.

Composées de courbes : C G J S O Q U.

Droites et courbes : B D P R.

Voyons les signes numériques : 1, 4, 7, contiennent seuls des droites; 0, 3, 6, 8, 9, sont des courbes; 6 et 9 sont symétriques.

Il sera fort utile de s'accoutumer à tracer au tableau noir toutes ces formes de lettres de diverses grandeurs, après les remarques précédentes. On développera facilement en soi l'instinct inventif des combinaisons et l'esprit d'ordre, par une infinité d'études familières où l'on appliquera les connaissances antérieurement acquises, à l'imitation d'objets usuels ou qui tombent fréquemment sous nos yeux. On s'exercera à former à l'aide des éléments linéaires des lettres des similitudes d'autres objets, ou des dispositions ornementales régulières ; nous allons donner pour cela quelques exemples. Il faut pour se perfectionner dans l'étude des formes s'accoutumer à les reconnaître en quelque position qu'elles se présentent, partout et n'importe où. Une forme peut ressembler totalement à une autre ou partiellement.

Si on prolonge une forme, si on la diminue, si on l'allonge ou l'élargit, si on l'incline dans un sens ou dans un autre, elle conserve toujours son principe. Si on en retranche ou si on y ajoute, l'esprit retrouvera toujours le type primitif. Il est utile pour augmenter le nombre des idées qui fixent la mémoire, de chercher les ressemblances. Il suffit quelquefois de répéter une seule forme pour présenter une nouvelle idée.

$$^1\text{LI} \quad ^2 \text{O} \quad ^3\text{V} \quad \overset{\text{A}}{\underset{\text{V}}{\text{H}}} \quad \text{U} \quad \text{V} \quad ^6_9 \quad ^9_6 \quad \text{A---V---A}$$

Ainsi deux L, l'une dans son sens l'autre à rebours, font un carré [1].

Deux A renversés dont on supprime les deux triangles en haut et en bas forment la figure [2] à six pans appelée *Exagone*.

Deux V renversés font un loange [3].

```
rOr                              J
ЛIЛ                              T
—O—                              l
YIY      YYYY     UUUU           I
JOJ      YYY      UUU            II
  l      XX       UU             ∩∩
<—O—>    I        U              ∩∩∩
flr      O        I              HHHH
JOJ                              AAAAA
  l                              MMMMM
  V
```

VVV. Une série de V forme un feston régulier. On s'exercera d'une infinité de manières à trouver ainsi d'innombrables combinaisons avec les plus simples éléments.

On considère les formes dans leur ensemble et dans leurs parties ou détails. Une forme est simple ou composée. Une forme simple peut toujours être partagée en parties plus petites ou divisée. Une forme composée peut être décomposée; elle est susceptible d'augmentation, de diminution, et d'être imitée par la répétition, la copie exacte, la copie réduite ou grandie.

La ressemblance imparfaite entre des objets s'appelle *analogie*. La symétrie est la contre-partie ou pour ainsi dire l'envers de la même forme : dans T, les deux angles de gauche et de droite sont des symétrics. La lettre X se décompose en deux V qui sont deux symétries inverses, l'un ayant la pointe en bas, l'autre la pointe en l'air, ou angles opposés au sommet.

Raisonner sur les formes en les décomposant se nomme *analyser*. Les formes éveillant en nous des idées, ont donc un sens moral profondément éloquent dont les arts se servent pour émouvoir ou plaire.

Il suffit de regarder près de soi et d'observer attentivement pour acquérir graduellement la science, et nous y perfectionner chaque jour par la continuité soutenue de la plus simple attention. La mémoire se développe par la fréquence des impressions répétées; l'intelligence est son plus puissant auxiliaire ; nous venons de constater par ce qui précède la possibilité de lire dans les formes et de les retenir en y rattachant une ou plusieurs idées.

Nous voyons aussi que la disposition et l'ordre dans les formes linéaires sont des conditions d'agrément ou de beauté. L'ordre plaît généralement plus que le désordre, parce que l'esprit ou l'intelligence qui apprécie les objets soumis aux regards trouve dans l'ordre, dans l'arrangement, dans la répétition des formes, la liaison des idées que nous nous faisons de toutes choses.

La logique de nos jugements s'accoutume volontiers à des dispositions invariables pour certains objets, La facilité de saisir des ressemblances et d'imiter les objets qu'on voit ne procure pas à tous le même plaisir. Pourtant le besoin de produire et de créer soi-même est quelquefois inné. On rencontre des personnes douées naturellement de la faculté d'individualiser les formes et les couleurs, d'y rattacher de souvenirs frappants et durables : celles-ci sont les plus heureuses natures et les moins nombreuses. Toutefois, il est rare de rencontrer des organisations complétement insensibles aux charmes des formes et des couleurs. Tous tant que nous sommes, nous aimons retrouver la ressemblance de ce qui nous plaît. Il est vrai que nous venons tous au monde ignorants au même degré et que notre éducation n'est jamais achevée. Les habitudes nous gouvernent et se transmettent souvent aveuglément à nos descendants ; on vit beaucoup machinalement, et nombre de gens même instruits atteignent l'âge de raison sans le moindre soupçon d'avoir négligé tout à fait la culture d'un quelconque de leurs sens tel que par exemple la vue ou l'ouïe, en négligeant le dessin ou la musique. Notre but ici est de nous occuper de la vue qui joue un si grand rôle dans notre bonheur ; et nous poserons d'abord les principes qui guident nos jugements sur la valeur et le mérite de tout ce que nous voyons :

PREMIER PRINCIPE. La *vue distincte* de ce que nous contemplons dépend de l'immobilité des objets et de leurs distances de nous ainsi que de leur couleur.

DEUXIÈME PRINCIPE. Le *volume* des objets dépend de la quantité ou portion d'espace qu'ils occupent sous toutes les surfaces ou faces qui les terminent.

TROISIÈME PRINCIPE. La *configuration* et *l'ordre* de leurs parties comparées à leur ensemble dépend de la considération des lignes et des angles ou inclinaisons de ces lignes rapportées à certaines mesures invariables.

La *Variété* des objets est ce qui constitue leurs différences, la *régularité* consiste dans la disposition des parties en un certain ordre ; la *répétition* d'une forme et la disposition symétrique d'une ou plusieurs formes alignées par groupes ou séries de même grandeur, plus grandes ou plus petites, est un moyen fréquemment employé en architecture, dans le décor ou l'art ornemental, pour multiplier les effets agréables *des formes* ; le principe de *stabilité* est celui qui nous fait concevoir qu'un objet est posé solidement sur sa base ou qu'un base est suffisante pour supporter la masse ou le volume d'un objet. L'œil de l'observateur exercé possède instinctivement le sentiment de l'équilibre, et comprend qu'un pied trop étroit pour supporter un vase très-large est contraire au principe de la stabilité. Certaines différences dans les caractères opposés des formes ainsi que des couleurs constituent ce qu'on nomme les contrastes.

La perfection dans les trois arts du dessin, sculpture, peinture et architecture consiste à savoir harmoniser les contrastes et proportionner tout agréablement. Or le mot proportion est déjà une expression tirée de la géométrie où tout est mesure. Pour mesurer il faut un point de comparaison fixe. Je comprends la fertilité d'un pays par la stérilité d'un désert. Je juge qu'il fait plus ou moins sombre par la connaissance antérieure que j'ai de la grande lumière du soleil; qu'il fait plus ou moins chaud par la notion que j'ai acquise de la plus forte chaleur qu'on puisse endurer; je mesure le bruit ou les sons par rapport au silence; le mouvement par rapport au repos, en un mot tout ce qui existe dans l'étendue des mondes a pour terme de comparaison la limite de notre monde à nous; c'est la recherche de la mesure du globe qui a donné naissance à la géométrie. Les connaissances géométriques sont donc fondamentales. Le langage familier est rempli d'expressions de géométrie; exemple, lorsqu'on dit:

Le haut, le bas, le dessus, le dessous, le dedans, le dehors; on fait déjà des spécifications géométriques de corps solides, de lignes et de surfaces. En parlant de la longueur d'un chemin on ne s'occupe en rien de sa largeur; en mentionnant la profondeur d'un lac ou d'un précipice, la hauteur d'une montagne on ne parle pas de leurs autres dimensions en largeur ou en longueur. La grandeur d'un homme signifie sa stature considérée plutôt en hauteur, la grosseur aurait un autre sens; la grosseur d'un tronc d'arbre serait sa circonférence; la grosseur s'applique, parfois aux trois dimensions, hauteur ou épaisseur, largeur et longueur. C'est la masse visible.

Une grosse colonne, un gros tas de blé. On dit la capacité d'un objet, la quantité de matière qu'il peut renfermer, comme aussi figurément la capacité de l'esprit signifie la quantité de connaissances qu'il peut renfermer. On dit l'étendue, l'immensité des mondes, l'étendue de l'intelligence, la hauteur, l'élévation de l'esprit, la profondeur de la pensée, sa rapidité incommensurable. On fait de la géométrie comme M. Jourdain faisait de la prose, sans le savoir.

L'infini n'est pas une quantité mesurable, cependant nous pouvons y songer. Les choses immatérielles, c'est-à-dire que nous ne pouvons toucher ou voir, ont pourtant certaines mesures. On dit que le temps est long ou court quoiqu'il n'ait pas un corps, le pendule et sa longueur en sont le terme.

Si on prend la peine de définir avec soin toutes les locutions du genre de celle que nous venons de citer, on retombera infailliblement dans les premières définitions géométriques. Nous sommes donc tous un peu géomètres il ne s'agit que de le devenir un peu plus.

Le dessin géométrique exécuté par le moyen des instruments de mathématiques ou de précision n'a point de rapport avec le dessin à vue d'œil ou dessin artistique. Mais ce dernier sera utilement précédé des notions de géométrie pratique, et la main qui s'exercera à copier à vue d'œil des modèles tracés mathématiquement, acquerra une grande précision qui sera utile en mainte occasion, dans le dessin artistique.

On ne saurait trop exercer le coup d'œil aux mesures et à la justesse, ainsi que développer le goût par l'intérêt qu'on peut donner aux études. La même forme peut être reproduite en grand ou en petit, il est aussi utile de s'exercer au tracé en grand qu'au tracé en petit. On y procédera sur un tableau noir, avec de la craie, ou si l'on n'a pas de tableau noir sur des feuilles de papier noir, dites papier goudron qui coûtent peu.

On joindra par une ligne droite deux points d'abord rapprochés, puis, les écartant de plus en plus, on les joindra par des lignes graduellement plus longues, s'accoutumant à tracer de droite à gauche et de gauche à droite indifféremment, puis de bas en haut et de haut en bas. Ensuite on tracera des obliques et des parallèles, des cercles, et toutes les figures dont on aura appris et étudié préalablement les caractères, la forme et la construction instrumentale graphique sur le papier, pour toutes les formes planes, droites et courbes.

On fera bien de tracer les lettres alphabétiques, dont nous avons étudié les formes, sur du papier écolier en *diverses grandeurs*. Le crayon ou la plume ne sont pas du reste les

seuls modes d'imitation de formes; les formes étant considé-
rées aussi sous le **rapport de leurs reliefs, la terre à modeler,**
le plâtre, la cire, le carton, fournissent les plus utiles et les
plus attrayants moyens de construire les solides, tout en
exerçant l'adresse des mains et perfectionnant le coup
d'œil. Aucune étude n'est plus propre à stimuler l'invention
que le modelage ou l'exécution *plastique* de toute espèce
d'objets en relief, la fabrication de boîtes en carton, ou de
maisons, ou de machines dout on voudrait faire comprendre
l'usage utile et dont **on pourrait concevoir soi-même** la pensée, pour l'appliquer en réalité ! Les petits théâtres des enfants ont en genre d'amusement énormément contribué à
ouvrir l'esprit inventif de plus d'un de nos grands artistes.
Les jeux du premier âge utilement dirigés sont l'école la plus
féconde en enseignements durables. Mais il y faut une direction, c'est-à-dire qu'en aidant nos jeux dans l'amélioration de
nos imitations, on aiguillonne le désir de produire et on tue
l'instinct de destruction (1) qui mène au désordre. La variété
nous charme dès le berceau; les couleurs en flattant les yeux
les attirent vers la forme et aideront toujours puissamment à
en fixer l'image dans le cerveau qui est l'armoire de toutes
nos connaissances; les papas qui aiment leurs enfants les rendront toujours attentifs et avides d'apprendre et de connaître les lettres alphabétiques ou toutes les formes qu'on voudra leur inculquer dans la mémoire, en se servant pour les
leur rendre sensibles d'objets variés, de couleurs et de formes
alignés devant eux avec symétrie et régularité. Qu'on trace
par exemple sur une table des initiales ou des figures de
géométrie ou une forme de quelque objet familier, et qu'on
fournisse à l'enfant des allumettes ou de petits haricots de
couleur pour en couvrir les contours avec soin et attention,
on sera surpris du plaisir qu'il y prendra et de l'utilité de ce
plaisir, car le temps et la réflexion qu'il aura mis à remplir
les traits avec les matériaux réguliers qu'on lui aura fournis
auront suffi pour fixer dans sa mémoire la forme de l'objet
qu'il saura tracer ensuite par lui-même. J'en ai fait l'épreuve
et j'en garantis la réussite presque sur tous les enfants.

---

(1) L'enfant ne détruit que parce qu'il ne sait rien créer.

Cet amusement si primitif n'est-il pas une première étude utile à faire naître le goût? Remplacez en effet les haricots par de petites marguerites que le bambin cueillera dans un pré, mêlez y de temps en temps des boutons d'or, des bluets, des coquelicots, vous le lancez immédiatement dans l'art d'embellir et d'orner la forme. La jeunesse des idées et du goût est-elle autre chose que la faculté de choisir ce qui est joli, de regretter ce qui fait mal pour y substituer ce qui fait bien ; de disposer avec ordre et plus ou moins de recherche ce qui plaît le plus à nos yeux et à notre esprit? A-t-elle une autre source, d'autre mode de développement que des essais comparés de ce genre? L'expérience artistique ne s'acquiert pas autrement chez l'homme que chez l'enfant. C'est infailliblement par la porte de l'attrait que nous chercherons toujours à nous introduire dans la science qui est l'utile. Michel Montaigne est un de ces génies, fruits d'une éducation aimable que nous voudrions voir partout appliquée. Il fut instruit sans châtiments corporels, par le plus doux des pères et par des précepteurs dont il a conservé précieusement la mémoire dans ses écrits. Il est devenu, par le charme qui a plané sur toute son éducation, un des meilleurs et des plus savants hommes de son pays.

La géométrie deviendra agréable dès l'instant qu'on aura compris qu'elle vit en nous mystérieusement dans la construction du corps humain, et autour de nous dans tous les corps de la nature considérés en repos ou en mouvement. Aucune étude n'est plus propre à étendre l'esprit. Elle est un auxiliaire des plus utiles au dessin artistique, et la notion des figures élémentaires du dessin linéaire fournit à la mémoire des yeux, des points d'appui invariables dont on aurait le plus grand tort de se priver.

La mémoire de l'œil est totalement oubliée dans l'éducation artistique !!!

Le dessin est enseigné partout mécaniquement sans charme et sans poésie; on apprend partout le dessin parce que tout le monde comprend les immenses jouissances que la vue nous procure et que les connaissances, bien que très-élémentaires de dessin, sont utiles à une foule de professions. Partout on enseigne à copier des modèles, plus ou moins laborieusement, mais nul ne songe à enseigner, à retenir ce qu'on a copié, ce qui serait le seul moyen de s'assurer de ce qu'on a appris en copiant; ce serait aussi le moyen de rendre bon observateur de la nature et d'élargir de plus en plus l'horizon de nos connaissances.

Pour placer le piton auquel est suspendue une lampe, au milieu d'un plafond, on a fait usage de deux cordeaux tendus d'angle à angle, c'est-à-dire en *diagonales*, et le point de leur croisement a donné le milieu cherché; c'est de la géométrie pratique.

Il est utile de posséder quelques connaissances géométriques pour les plus simples dispositions d'ameublement intérieur. L'ordre, qui est une des conditions de la beauté architecturale, dépend d'une certaine régularité, d'une certaine symétrie qui plaît à l'homme. On aime à voir les objets qui remplissent un local, arrangés d'une certaine façon plutôt que de telle autre. S'il s'agit d'accrocher un seul tableau ou une carte à un simple clou, dans un panneau d'appartement, on n'ira pas le planter tout en haut, ni tout en bas, ni à gauche, ni à droite, mais dans un milieu moyen qui permette de jouir du mérite du tableau, sans choquer les yeux par la position désagréable de son cadre. Il faudra dans ce cas encore, avoir recours aux instruments de géométrie les plus simples; au fil à plomb, à l'équerre, à la règle.

S'il s'agit de rechercher la meilleure disposition à adopter pour la suspension d'un trophée d'armes, d'un ou de plusieurs cadres sur un mur d'appartement, le problème devient plus compliqué et fournira l'objet d'un exercice de géométrie pratique et de goût, fort utile. — Nous ne pouvons ici que l'indiquer en le conseillant. Si la salle était une rotonde, ou de forme ovale, ce serait une étude particulière.

Un exercice analogue peut s'appliquer à la recherche de l'arrangement d'un certain nombre d'objets sur une table, sur une cheminée, sur une console; on s'apercevra, par la comparaison, que les arrangements symétriques, permettant à la vue d'établir plus facilement la liaison des idées d'harmonie entre les objets, s'accordent mieux avec la régularité de l'architecture.

On remarquera que :

Le grand nombre de beaux objets entassés sur un point d'un local produit quelquefois un effet appelé riche; si les objets sont accumulés avec trop d'abondance l'effet produit se nomme surchargé ou lourd. Le trop petit nombre d'objets dans un espace produit la pauvreté, ou la maigreur décorative.

On observera que l'apparence de la grandeur d'un local est subordonnée à la quantité des meubles ou objets meublants aussi bien qu'à l'effet de leurs couleurs, à leur volume, à leur place relative.

Une pièce tendue de blanc ou de couleur claire paraîtra beaucoup plus vaste que celle dont la tenture serait noire, ou d'une couleur sombre. La nuance grise ou d'une couleur douce sera toujours celle qui influera le moins sur la vue dans les jugements que nous concevrons sur les dimensions, et sur celles des objets qui y seront renfermés.

C'est par la constatation de tous les faits ainsi successivement observés qui se passent à chaque instant sous nos yeux, que les idées de ce qu'on appelle *proportions* naîtront en nous, se développeront et se perfectionneront, en introduisant dans notre vie privée des connaissances de plus en plus étendues, qui conduiront par gradation à celle du beau idéal. Le beau, selon Châteaubriand, consiste à choisir et à cacher. L'étude seule, guidée par l'intelligence, donnera la clef de ce précieux secret, à quiconque saura s'y livrer. Mais il faut que l'œil, la pensée et la main agissent en même temps, avec ordre, méthode et agrément, car le plaisir est la monnaie pour la quelle nous donnons tout ce qu'on veut, a dit Pascal, et il est impossible de progresser et d'acquérir une instruction solide sans l'attrait. On se lasse des plus beaux chemins quand ils sont trop longs ou qu'on n'en voit pas l'issue.

GÉOMÉTRIE POPULAIRE

ARTISTIQUE

ET

DESSIN LINÉAIRE FAMILIER

————◆◉◈————

Définitions des termes de la science.

Le mot *géométrie* veut dire en grec mesure de la terre.

Les *géomètres*, pour arriver à trouver les moyens de mesurer tous les corps ou objets, les distinguent ordinairement par la différence de leurs faces ou côtés, plans ou courbes. Ainsi, les corps arrondis ou à superficies courbes, sont ceux sur lesquels on ne peut appliquer une règle ; telle qu'une *boule* ou forme appelée sphérique. Ou peut toujours appliquer la règle en tous sens sur un *plan* ou superficie plate.

Diversité des corps solides.

Corps rond. — Corps parfait de régularité qui se termine par *une seule surface* courbe rentrante sur elle-même. Un œuf ou sphéroïde est terminé aussi par une seule surface arrondie et allongée. Les procédés mécaniques de l'industrie produisent une infinité de corps à surfaces courbes.

Corps à pans ou polyèdres. — Des corps terminés par des faces, côtés, plans ou pans, sur lesquels peut s'appliquer la règle en tous sens, se nomment *polyèdres*, du grec qui veut dire, à plusieurs faces : un dé à jouer ; une pyramide triangulaire., etc., etc.

Les corps mixtes sont renfermés sous des superficies diverses mélangées de plans et de surfaces courbes. Exemple :

Corps mixtes. — Le cône commence par un point pour s'envelopper dans une surface courbe et se fermer par la surface d'un cercle. Une règle peut s'appliquer en tous sens sur le plan d'un cercle, mais dans un sens seulement, sur la surface courbe du cône, depuis le sommet ou la pointe du cône vers la base qui es la circonférence du cercle. Le cône peut être droit ou incliné, un éteignoir est un cône droit, sa pointe est d'aplomb sur le cercle qui en est la base. Un pain de sucre un cornet de papier sont des cônes.

Le cylindre est un corps renfermé sous une surface arrondie et rentrante sur elle-même, d'égale grosseur dans toute sa longueur et fermé aux deux bouts par deux plans. Un bâton rond est un cylindre, une tour, une colonne ressemblant à la forme cylindrique ; un tuyau est un cylindre creux.

Une pile de pièces de monnaies superposées, telle qu'un rouleau de pièces d'or ou d'argent de la même forme et grandeur, ne se dépassant, ni les unes, ni les autres, donnent l'idée parfaite du cylindre appelé droit ou *vertical*, c'est-à-dire, qui ne penche pas plus d'un côté que d'un autre. Si, sans déplacer la pièce de monnaie qui sert de base à toutes les autres, on imprime vers la droite ou vers la gauche un léger mouvement à toutes les pièces de monnaie, en sorte que le glissement de chaque pièce sur celle sur laquelle elle pose, s'opère régulièrement depuis la base jusqu'à la dernière pièce, on aura un cylindre appelé *oblique*, c'est-à-dire, qui ne différera de la position primitive que par son inclinaison sur le plan ou sur place plate de la table où nous le voyons posé. La tour de Pise est une sorte de cylindre oblique, ou incliné.

Une pile de cahiers de papier à lettre présente la forme du solide appelé prisme ou *parallélipipède droit*, ne penchant ni à droite, ni à gauche, renfermé sous des faces dont la forme est celle de carrés longs, qu'on nomme aussi rectangles. Les faces opposées sont parallèles.

On dit que dès surfaces planes sont parallèles quand elles sont disposées dans le même sens, telles que les faces de dessus ou de dessous d'une pièce de 5 francs, ou les faces de dessus ou de dessous du paquet de feuilles de papier ci-dessus mentionné, ainsi que les faces latérales opposées. On peut transformer le prisme ou parallélipipède droit , en un oblique, en inclinant et en faisant glisser les cahiers les uns sur les autres d'une façon uniforme, comme pour la pile de monnaie précédemment transformée en cylindre oblique.

Concavité. — La concavité d'une surface est le côté qui peut contenir quelque chose. Coupez une boule creuse, la cavité est la surface considérée intérieurement. Le creux de la main est concave.

Convexité. — La convexité est la même surface considérée extérieurement. Le dessus et l'extérieur du crâne est convexe.

Angles plans. — Deux plans ou plusieurs plans joints ensemble comme les feuillets d'un paravent forment entre eux des angles appelés angles plans, saillants et rentrants alternativement, dont les arêtes ou jonctions sont parallèles, c'est-à-dire, à distance également espacée.

La surface déployée d'un éventail est composée aussi de plans et d'angles plans, dont les arêtes sont convergentes, c'est-à-dire, tendent vers le centre du manche. Le développement de cette surface est renfermée en haut et en bas par deux arcs de circonférences de cercle, dont le centre est le même, et est situé sur le pivot qui sert à la rotation des montants dont la longueur forme les rayons.

Les portes ou fenêtres d'une chambre, en tournant sur leurs gonds, sont des plans tournants verticalement, c'est-à-dire, d'aplomb sur le sol : la ligne ou direction fixe autour de laquelle elles tournent se nomme axe de révolution ou de rotation.

Les géomètres considèrent et comparent les objets sous toutes les faces. Ils commencent par les corps plus simples pour arriver à la connaissance des plus composés.

Ceux qu'ils nomment les solides sont renfermés par des surfaces plus ou moins régulières, courbes ou planes ; pour en étudier toutes les propriétés, on les classe selon leur analogie ou relation de ressemblance. Les surfaces planes se comparent aux planes, et les courbes aux surfaces courbes.

GÉOMÉTRIE.   2

On verra par l'expérience qu'on se sert souvent, en géométrie, de la superposition, du ploiement, du renversement dit symétrique en sens inverse de certaines figures pour étudier leurs rapports entre elles. On suppose aussi, souvent, les solides, tronqués vus en dedans, en dessus, en dessous et en dehors, coupés par des surfaces imaginaires, qui servent à les décomposer en parties plus simples, et dont on saisit mieux les caractères mathématiques. Les coupes des solides par des plans fournissent au géomètre, au dessinateur, à l'architecte et au peintre un sujet d'étude extrêmement varié et fécond en applications de tous genres. L'ouvrier, dans toutes les professions, y apprend les méthodes utiles d'exécuter, de perfectionner et de simplifier souvent ses travaux en éclairant son intelligence. Nous conseillons particulièrement à tous ceux qui veulent s'adonner aux arts d'agrément, ou aux arts industriels, à modeler eux-même en terre glaise ou en carton tous les corps géométriques, à les couper en différents sens pour les connaître plus intimement, et les dessiner sous tous leurs points de vue.

Les mathématiciens appellent lignes les limites ou termes des surfaces, ils les divisent en droite et en courbes. Pour la facilité de leurs démonstrations, ils imaginent les solides transparents comme du verre, pour s'en mieux représenter la forme et les lignes. Dans les livres de géométrie, on trace seulement en lignes pointées les formes que l'œil suppose exister, mais qu'il ne pourrait voir sur des corps solides opaques.

La ligne droite est invariable dans sa direction, étant le plus court chemin d'un point à un autre. On suppose, en géométrie, que les lignes n'ont pas d'épaisseur, *c'est une* pure convention idéale, le point qui est le commencement de toute grandeur sensible ou visible, est aussi, d'après les géomètres, sensé ne pas avoir de longueur ni de largeur. Quelques-uns le définissent comme l'extrémité d'une ligne. Sans nous arrêter aux futiles et oiseuses abstractions des métaphysiciens, nous passerons à la considération des lignes visibles. Le cercle est une surface renfermée dans l'intérieur d'une courbe, tracée d'un mouvement continu autour d'un point appelé centre, avec un compas sur un plan ou surface plate. La circonférence du cercle a tous ses points à égale distance du centre. Il y a d'autres courbes que le cercle, on les nomme ovales, ellipse, parabole, hyperbole, spirale, hélice, et les courbes de fantaisies employées dans le dessin ornemental. Des lignes peuvent être produites matériellement par les plis de certaines surfaces sur elles-mêmes ; ainsi le ploiement d'une feuille de papier sur la surface d'un marbre ou d'une planche bien planée, produit une ligne parfaitement droite.

La jonction d'une surface avec une autre, se nomme arête : elle peut être une ligne droite ou courbe.

Géométrie spéculative. — La géométrie spéculative est fondée sur les connaissances de l'esprit qui servent à démontrer les vérités observées sur la nature des surfaces et des lignes qui terminent les corps, et renfermées dans les livres des grands géomètres, Euclide, Archimède et tous leurs continuateurs.

Elle démontre par le seul raisonnement *sans agir de la main.*

Géométrie pratique. — La géométrie pratique applique les préceptes de la première, en les exécutant de la main, au moyen des instruments connus pour mesurer tout ce qui peut être mesuré, ou est ce qu'on appelle *commensurable* ; elle s'étend et est utile à toute profession où l'on se sert de mesure.

Longimétrie. — Elle enseigne à mesurer, non-seulement les objets qui sont à notre portée, mais même ceux que nous ne pouvons atteindre, tels que les distances et les grandeurs des astres, aussi facilement que celle qui sépare deux arbres d'un grand chemin l'un de l'autre. L'art de mesurer les longueurs géométriquement ; les distances entre plusieurs endroits se nomme longimétrie.

Planimétrie, Arpentage, Trigonométrie. — Celui de mesurer la superficie d'un terrain, se nomme planimétrie, et y procède par l'étude des triangles, ou espaces renfermés par trois droites, et qui se nomme la trigonométrie.

Stéréométrie, Jaugeage. — La stéréométrie ou toisé est la partie de la géométrie *pratique* qui envisage et mesure les *reliefs* (1)

---

(1) Le volume ou relief est la quantité d'espace occupé par les corps, et mesuré en tous sens ou par les trois dimensions.

des corps solides, en les évaluant en mètres et fractions de mètres, autrefois en toises et fractions de toises.

Géodésie ou *Cadastre*. — On appelle géodésie, l'arpentage ou l'étude de la mesure des propriétés rurales.

Horizon. — L'espace universel n'est limité qu'autour de nous. L'espace occupé par notre planète, la terre, est limité autour de nous par l'horizon, ou terme de notre vue, du mot grec, *orizo*, (je vois). L'horizon dans notre chambre, ou dans la rue, est la ligne que nous imaginerions passer par l'axe de nos deux yeux quand nous sommes debout ou assis. Notre horizon peut être très-borné ou très-étendu ; en pleine mer, la ligne d'horizon ne peut-être embrassée par nous d'un seul coup d'œil. Il faut tourner successivement pour la suivre ; elle semble devenir le contour d'un cercle immense.

Sur le papier, où nous devons constater et concentrer toutes nos opérations de géométrie, il est possible de renfermer par l'opération, qu'on appelle réductions des espaces très-étendus ; la mappemonde, les cartes géographiques, les cartes célestes en offrent de frappants exemples. C'est par la trigonométrie qu'on dresse les cartes et les plans. Les calculs trigonométriques sont basés sur les propriétés des angles et des lignes des différents triangles auxquels ont peut toujours réduire toute espèce de figure géométrique établie pour relier entre elles des distances de lieux.

Topographie. — L'art de dresser les cartes et plans d'un pays, se nomme topographie.

Hydrographie. — Les cartes qui indiquent spécialement les cours d'eau, les rivières, les fleuves, les sources, les torrents, les courants des mers, se nomment cartes hydrographiques.

C'est par la considération des formes géométriques, ou figure

---

Le poids est la quantité de matière renfermée sous un certain volume ou sous certaines surfaces. Deux choses peuvent être de même poids et n'avoir pas le même volume.

Le temps ou la vitesse sont des choses immatérielles, cependant la géométrie les mesure.

du dessin linéaire, tracées sur le papier et exécutées graphiquement ou mécaniquement, au moyen des instruments de mathématiques, qu'on peut apprendre à mesurer ensuite et à pratiquer, en campagne, les mêmes opérations appliquées aux travaux utiles du lever des plans du nivellement du tracé des routes, de la mesure des distances accessibles ou non, des hauteurs des montagnes et des calculs relatifs à l'astronomie, à la navigation, aux constructions architecturales civiles, monumentales ou militaires, sans oublier les opérations de la géométrie souterraine.

On ne saurait concevoir l'idée des proportions en considérant un seul point dans un espace illimité à nos yeux, pas plus qu'en considérant une ligne dans le même espace illimité. Nous acquérons l'idée plus exacte d'une vaste étendue de mer, par exemple, par la vue d'un vaisseau qui, bien que très-grand en réalité, paraît comme un point dans l'espace azuré où il flotte. Cette observation se rapporte parfaitement au sentiment de la grandeur que certains monuments nous communiquent.

Les grandes pyramides de Giseh, près du Caire, en Égypte, bien que très-colossalement grandes en réalité, se distinguent d'environ 40 lieues de distance à l'horizon, comme des points triangulaires d'abord. Mais on ne peut se défendre d'un grand étonnement, lorsqu'en étant très-près, on voit les pauvres Arabes qui en font les honneurs aux étrangers, se réduire aux proportions visuelles les plus restreintes. C'est qu'en ce cas notre œil agit simultanément avec notre raisonnement. L'homme est devenu notre échelle de proportion physique et morale, l'idée morale s'élève de l'homme réduit à un point, à son ambition, d'avoir tenté de construire des montagnes. Mais il n'y a là aucune beauté de forme.

La construction des faces des pyramides est une série de vastes blocs de pierres quadrangulaires, imitant des degrés d'escalier qui se terminent par une plate forme de 15 pieds carrés environ sur celle de Cheops.

Les géomètres ont parmi les solides types des formes les plus simples, la pyramide à quatre faces triangulaires, qu'ils nomment tétraèdre, c'est-à-dire, à quatre faces, Toute pyramide se termine par un point comme le cône, mais le nombre des faces ne peut être moindre de quatre; on appelle base la surface inférieure sur laquelle elle pose, et qui peut avoir 4, 5, 6, etc., côtés ou lignes droites. La racine grecque, du mot pyramide vient de pyr (*le feu*), forme du feu ou en pointe qui s'applique tout aussi bien au cône. Les géomètres considèrent le cône comme une pyramide d'une infinité de faces latérales triangulaires, réunies au point qui se nomme sommet, et ayant pour bases chacun des côtés d'un polygone régulier d'un nombre infini de côtés infiniment petits, et se confondant avec la circonférence d'un cercle.

Plan coupant dans un solide. — A ce sujet, nous dirons pour fixer les idées plus exactement sur le sens du mot plan, que cette expression, en géométrie, veut dire une superficie plate terminée par une ou plusieurs lignes; ainsi l'étendue renfermée par la circonférence d'un cercle est un plan aussi bien que toute portion de mon papier figurant l'espace compris sous trois, quatre ou un nombre quelconque de lignes droites ou courbes. On appelle également plan une superficie mathématique, qu'on imagine couper les solides de la géométrie, comme le ferait une lame de couteau.

Un point est la coupe d'une ligne par un plan ou le plan d'une ligne. Le pas empreint sur la poussière est la projection de notre pied, ou son plan géométral.

Géométral. — Un plan géométral ou ichnographie représente par de simples traits la figure du terrain qu'occupe un palais, un monument sur le rez-de-chaussée, si on le coupait.

Ichnographie, Vestige, ou *Projection.* — Les architectes font ordinairement, pour la construction des bâtiments, plusieurs plans dits *ichnographiques*, savoir : celui des fondations pour établir les premières assises ; celui du rez-de-chaussée pour marquer les portes, les fenêtres, les cloisons, les corridors, les allées et portes cochères ou autres ouvertures, et celui des étages supérieurs pour les cabinets, chambres de domestiques, cuisines et greniers.

Ils font aussi des plans nommés orthographiques (orthographie d'*orthos*, droit, élevé, d'aplomb), élévations géométrales, ou sans avoir égard aux raccourcis de la perspective, on représente simplement les hauteurs d'un corps de bâtiment, sans considérer son épaisseur.

Scénographie. — Le plan scénographique représente un sujet dans son entier, avec ses hauteurs, largeurs et profondeurs en perspective.

Vue d'oiseau. — Le plan à vue d'oiseau est celui qui est dessiné comme si on le regardait de haut en bas.

Vue panoramique. — Le plan panoramique représente tous les objets que nous verrions d'un point élevé, ou même dans une plaine, en portant successivement et circulairement nos regards autour de nous.

Le plan perspectif est la surface plane, telle que serait une vitre à travers laquelle on est supposé voir les objets. Le châssis d'une fenêtre est une sorte de plan perspectif. Un tableau qui est la représentation par la couleur et les lignes d'un point de vue ou d'une scène à figures, est la représentation scénographique de ces choses. On nomme premier plan d'un tableau l'ensemble des objets qui sont les plus rapprochés de l'œil du spectateur.

Point de vue. — Le mot point de vue signifie, point où nous nous plaçons pour contempler un paysage ou dessiner une vue; c'est dans le tableau que nous voudrions représenter au trait, en dessin ou en peinture, le point où viennent se réunir dans notre œil tous les rayons lumineux, émanés des objets pour former l'image.

La manière dont l'œil embrasse les objets est la base de toute connaissance linéaire.

L'œil saisit facilement quelques points au milieu d'un espace vide. Un nombre infini de lignes peuvent rayonner ou partir d'un seul et même point comme des rayons de soleil ou stellaires.

Idée des lignes. — L'idée de la ligne peut naître de l'arrangement des points dans un ordre plus ou moins régulier.

Horizontale. — Deux points placés dans le sens de nos yeux donnent la *direction* de la droite indéfinie qu'on appelle horizontale.

Verticale. — Deux points placés dans le sens de la tête aux pieds font penser à la direction verticale. Il ne s'agit plus que de s'exercer à les tracer à la main ou à la règle, ce qui est l'objet de deux études spéciales; toute autre direction de ligne serait *oblique* de gauche à droite ou de droite à gauche.

L'idée du nombre est plus difficile à saisir que l'idée des lignes. L'œil saisit l'impression des lignes plus rapidement que celle des points; des points espacés présentent plusieurs impressions séparées; s'ils sont très-espacés ils exigent par leur dispersion moins de concentration visuelle, ce qui explique pourquoi, pour tracer correctement à vue d'œil des lignes un peu étendues, il faut pour les exécuter comme elles doivent être conçues s'éloigner suffisamment.

Point donné, point fixe, point de station ou de visée. — Un point *donné* peut être proposé comme point de départ servant de comparaison, marqué à l'encre, au crayon, ou avec la pointe d'un compas sur le papier. Il est déterminé sur le terrain par un piquet ou jalon qu'on y a planté. On nomme alors ce point fixe point de station.

Jalons et piquets en ligne droite. — Quand une série de points de *stations* marqués par des piquets sur un terrain plat est disposée de façon qu'ils se cachent les uns les autres en les visant par l'extrémité de leur rangée, la ligne qu'ils déterminent est droite; il ne s'agit plus pour mesurer cette ligne droite que d'additionner les intervalles des piquets de chaque point de station évalués en mètres et fractions de mètres ou unités de mesures du pays où l'on est.

Pointu. — L'étymologie du mot pointu vient de ce que les objets auxquels ils s'appliquent finissent ou commencent par un point.

Pointe, sommet d'angles, sommet d'un cône, angles rectilignes et curvilignes. — Deux lignes droites ou courbes qui se rencontrent forment une pointe appelée angle, le point de rencontre se nomme sommet. L'angle qui est l'espace compris entre les lignes s'appelle rectiligne quand il est entre des lignes droites. Curviligne s'il l'est entre des courbes.

Angles droit, aigu, obtus, côtés des angles. — Dans les angles rectilignes, l'angle droit ou d'équerre est formé par une ligne qui en rencontre une autre de manière à ne pas pencher plus vers cette ligne que vers son prolongement au-delà du sommet. L'angle aigu est plus petit ou moins ouvert que le droit, et l'angle obtus est plus ouvert. Les angles formés de droites et de courbes sont mixtilignes. Ils ne prennent pas d'autres dénominations particulières. Dans le dessin linéaire, on s'occupe surtout des angles rectilignes tracés sur un plan et de leur mesure. Les lignes formant des angles se nomment côtés des angles.

Intersection. — Un point d'*intersection* est celui où les lignes viennent se croiser ou se couper. On l'appelle aussi point de section.

Convergence. — Un point *de concours* est celui où des lignes obliques, si elles étaient prolongées, viendraient se réunir. On appelle espace angulaire celui compris entre deux obliques.

Centres des figures, un seul centre au cercle et à la sphère, courbes à plusieurs centres. — Le point *de centre* dans une circonférence de cercle est le seul endroit dont tous les points de la circonférence soient également éloignés. Dans toute autre figure c'est le milieu de chaque partie qui la compose ; dans un triangle à trois côtés égaux ou *équilatéral*, le point de centre se trouve à la rencontre des trois lignes qui divisent en deux chaque angle. Dans un carré il se trouve sur l'intersection des deux lignes appelées diagonales ou qui le traversent d'angle à angle, etc. On comprend par là qu'il y a des figures qui ont plusieurs centres. Le cercle n'en a qu'un, l'ellipse mathématique en a deux qu'on nomme foyers ; comme nous le verrons, d'autres courbes ont aussi plusieurs centres qui servent à déterminer le mouvement qui les engendre.

Contact, tangence. — Le point de *contact*, d'*attouchement* ou de *tangence*, est celui où une droite s'approchant sans couper vient toucher, ou est tangente à une courbe. C'est le lieu où deux courbes se touchent sans se couper.

Expression des rapports entre les lignes en langage mathématique, raison arithmétique ; proportions, manière dont une grandeur dépasse une autre ; raison ou proportion géométrique ex-

prime combien de fois une grandeur est contenue dans une autre.
— Dans le langage mathématique, deux points placés (:) entre
des lettres qui servent à nommer des lignes expriment la division ;
ainsi, pour dire la ligne A B divisée par la ligne C D, ou portée
sur la ligne C D pour voir combien de fois l'une est contenue
dans l'autre, s'exprime par A B : C D ou A B est contenu dans C D ;
c'est ce qu'on appelle le commencement d'une proportion géométrique ou son premier terme ; pour exprimer le second terme ou
la suite de cette proportion, on mettrait : : E F : G H, ce qui voudrait dire autant de fois que E F est contenu dans G H, ou A B
divisé par C D égale E F divisé par G H, ce qui peut encore s'é-
crire $\dfrac{A B}{C D} = \dfrac{E F}{G H}$

Le langage mathématique, pour dire que la ligne A B surpasse
la ligne C D, d'autant ou de la même quantité que la ligne E F
surpasse la ligne G H, s'exprimerait ainsi : A B est à C D comme
E F est à G H, ce qui s'écrirait : A B . C D : . E F . G H ; proportion arithmétique ou par différence, signifiant que la différence entre A B et C D égale celle entre E F et G H ; ou bien encore A B
plus + C D égale = E F, plus G H ; si la ligne A B était moindre
que C D de la même longueur que E F le serait de G H, on mettrait A B moins C D ou A B — C D = E F — G H.

Mesures du système métrique.

Une mesure est simplement un objet de comparaison invariable
auquel on a donné le nom d'unité, qui veut dire type unique
auquel on rapporte les étendues.

En longueur : — Le mètre.
En surfaces : — Le mètre carré.
En volume : — Mètre cube, stère.
En capacité : — Litre, cube d'un décimètre de côté.
En pesanteur : — Gramme, poids d'un centimètre cube d'eau.

Le mot *mètre* vient du grec *metron* (mesure), et est admis en
ce sens en français. Dans le cercle le mot *dia-mètre* signifie mesure à travers ; dans *baro-mètre*, mesure de pesanteur atmosphé-

rique ; dans *thermo-mètre*, mesure de la chaleur ; dans *péri-mètre*, mesure du tour ou contour d'une figure.

Le *mètre*, mesure de longueur, a été mesuré sur le méridien passant par Paris, depuis la latitude de Dunkerque jusqu'à celle de Formentera. MM. Biot, Arago et d'autres savants déterminè-rent cette grandeur, qui est la dix-millionième partie du quart du méridien. Le mètre équivaut à 3 pieds 11 lignes 296 millièmes de ligne, ancienne mesure, un peu plus que la demi-toise, et environ un cinq sixièmes de l'aune de Paris.

Après le mètre carré, on donne le nom d'*arc*, du mot latin *area*, mesure ou surface labourable, du mot *arare* (labourer), à une su-perficie de cent mètres carrés ; ce terme est usité pour les me-sures rurales ou forestières, et répond à peu près à deux perches anciennes.

Le *mètre cube* ou *stère,* pour les mesures de solidité, le bois, le charbon, de *stéréos* (relief).

Litre est dérivé aussi de la petite mesure des liquides chez les Grecs (*litron*) ; il vaut la capacité d'un décimètre cube, qui ré-pond à une pinte et à cinq quarts de litron, mesures anciennes de Paris.

Gramme, aussi du grec, petite chose (*scrupule*), pèse la mil-lième partie d'un litre d'eau distillée pesée dans le vide, au moyen de la machine pneumatique, et réduite à son maximum de den-sité (4°4).

Un *franc* pèse 5 grammes d'argent, allié d'un dixième de cuivre.

Le *kilogramme*, ou mille grammes, remplace la livre ancienne, 40 pièces de 2 francs alignées font une longueur exacte d'un mè-tre. Le diamètre du franc est de 25 millimètres.

Il a été reconnu qu'un pendule naturel ou artificiel qui ferait 60 oscillations par minute ou 3,600 vibrations par heure, aurait un mètre de long.

Pour exprimer les multiplications des unités métriques suivant l'ordre décimal, on place avant la désignation adjective de l'unité les mots :

Déca, qui signifie.	10	Déca-mètre, 10 mètres.
Hecto..........	100	Hectogramme, 100 grammes.

Kilo........... 1,000 Kilogramme, kilomètre, 100 grammes, cent mètres.

Myria .... 10,000 Myriamètre, dix mille mètres.

Pour exprimer les subdivisions ou sous-multiples des unités métriques, suivant l'ordre décimal, on place avant le nom de l'unité les mots suivants :

Déci, qui signifie. 10ᵉ Décimètre, dixième de mètre.
Centi.......... 100ᵉ Centilitre, centième de litre.
Milli .... 1,000ᵉ Milligramme, millième de gramme.

Grades dans le cercle. — Dans le système décimal, les divisions de la circonférence sont de 400 grades au lieu de 360 degrés. Ce mode, pour la mesure des angles, est moins usité que la division en 360.

Un grade ou degré décimal géographique est la centième partie du quart du mériden ; le grade terrestre contient 100,000 mètres, ou 41,824 toises, 1 pied 9 pouces 7 lignes. Le quart du méridien est la distance de l'équateur au pôle. Chaque signe du zodiaque occupe 30 degrés, ce qui est le 1/12ᵉ de 400 grades, système décimal.

Figures planes rectilignes.

Figures planes rectilignes. — D. Combien y a-t-il de figures planes ou plates rectilignes? (Le mot plan signifie sans relief).

R. Deux, qu'on nomme polygones irréguliers et polygones réguliers.

D. Quel est le plus petit nombre de lignes que peut avoir un polygone?

R. Trois. On le nomme triangle.

D. Qu'est-ce qu'un triangle?

R. Une figure rectiligne de trois côtés et ayant par conséquent trois angles.

D. Qu'est-ce qu'un triangle équilatéral?

R. C'est un triangle qui a tous ses côtés égaux. Il a aussi tous ses angles égaux. Il est le plus petit de tous *les polygones réguliers*.

D. Comment compare-t-on les figures géométriques planes?

R. En considérant la nature de leurs lignes, la longueur, le nombre de côtés et l'espèce des angles qu'ils déterminent.

D. Qu'importe-t-il donc de savoir pour établir des rapports entre les figures et en énoncer la nature?

R. Il est nécessaire d'exercer l'œil à la mesure des lignes et des angles, car c'est leur inspection alternative qui aide à les dénommer.

D. Que faut-il pour mesurer une ligne?

R. Une unité de mesure que l'on porte avec le compas sur la ligne à mesurer, pour savoir de combien cette ligne est plus grande ou plus petite que la mesure qui sert d'unité (soit mètre ou fraction métrique).

D. Que faut-il pour mesurer un angle?

R. Une unité d'angle auquel on compare tous les angles.

D. Qu'entend-on par mesure d'un angle?

R. C'est la quantité numérique de l'écartement ou inclinaison des côtés de l'angle, par rapport à un autre angle invariable pris pour unité.

D. Quel moyen emploie-t-on pour exprimer numériquement l'ouverture d'un angle?

R. On a observé que quatre angles droits autour d'un point couvrent entièrement une surface plane indéterminée, et qu'en prenant ce point comme centre d'un cercle quelconque, ce cercle se trouve précisément divisé en quatre portions égales ou quarts de cercle. On a divisé chaque quart de cercle en 90 parties qu'on a appelées degrés et qui servent de termes numériques à tous les angles. Ainsi, voulant comparer un angle quelconque à un angle droit, on tracera, dans cet angle, du sommet comme centre un arc de cercle du même rayon que l'arc du 1/4 de cercle gradué, et en portant l'arc compris entre les côtés de l'angle à mesurer sur l'arc gradué de quart de cercle, on verra à quel point de division l'arc proposé répond : si l'angle est aigu, le chiffre en degrés de l'arc qu'il soutend sera moindre de 90 degrés ; si l'angle est obtus, il sortira du quart de cercle d'une quantité de degrés qu'il sera facile d'évaluer, et l'angle sera de plus de 90 degrés.

Le rapporteur, indiquant les divisions exactes de toute circonférence, fournit un moyen très-simple de tracer et d'inscrire les polygones réguliers dans toute circonférence. On trace une circonférence d'un rayon donné (le rayon est la ligne qui part du centre aboutissant à la ligne courbe du cercle). Supposons qu'au moyen du rapporteur on veuille y inscrire un pentagone ou polygone de 5 côtés : on prendra le 1/5 de 360°, et le nombre 72° sera la mesure de l'angle qui aurait son sommet au centre du cercle donné, et qui serait fermé par les côtés du polygone cherché. On procédera de même pour inscrire un polygone régulier quelconque.

Les cercles qu'on décrit ou trace au compas d'un même centre avec plus ou moins d'ouverture, sont dits concentriques; ils ont entre eux des courbes parallèles, puisque ces courbes maintiennent toujours des distances égales sans jamais se rencontrer. On trace aussi sans compas un cercle d'un rayon ou d'un diamètre donné, en plaçant une règle ou une bande de papier sur un point considéré comme centre, et la faisant tourner d'un mouvement continu autour de ce point, en plaçant un crayon à une distance égale à la longueur du rayon, il trace le cercle à mesure que la règle ou la bande de papier tourne sur elle-même. On peut tracer un cercle d'un mouvement continu au moyen d'un fil tendu attaché à un clou et terminé par un crayon qui opère autour du clou la circonférence cherchée. Ce qui distingue la dénomination circonférence de celle de cercle, c'est que le mot cercle veut dire la superficie renfermée par la courbe qui se nomme circonférence. On devra toujours dire, pour plus de correction : tracer ou décrire une circonférence de cercle, et non décrire un cercle.

On dit demi-cercle, quart de cercle, etc., voulant parler de la surface circulaire. Les combinaisons des courbes et des droites constituent la variété infinie dans les formes. Les courbes circulaires et les lignes droites servent à toutes les opérations de géométrie. Le tracé à main levée, exécuté au tableau noir ou sur l'ardoise, de toutes les formes polygonales, est un exercice qui formera l'œil et la main à la précision et à l'exactitude.

Autour d'un point, l'espace est indéterminé ou infini.

Il est indispensable, pour trouver des comparaisons utiles à nos jugements, de choisir des objets qui ne varient pas; c'est pourquoi, pour mesurer les lignes droites, on se sert d'une ligne droite d'une certaine longueur, qui est le mètre ou une fraction de mètre : c'est une unité de longueur ; pour mesurer des surfaces planes, on se sert d'une surface plane appelée carré métrique, etc. ; pour mesurer les angles, on compare tous les angles à l'angle droit, qui est invariable, et qui, placé au centre d'un cercle, représente le 1/4 de sa circonférence divisée en 360 degrés ou parties égales.

L'utilité des figures du dessin linéaire ressort de leur régularité invariable ; c'est pourquoi cette connaissance aide beaucoup à fixer leurs formes dans la mémoire et à y comparer les formes irrégulières. Les polygones réguliers ont leurs angles et leurs côtés égaux (1). Le plus simple de tous les polygones réguliers est celui de trois côtés et angles égaux, dit triangle équilatéral.

Vient ensuite le carré de quatre côtés égaux, et quatre angles droits :

Le Pentagone.....	de	5	côtés égaux et	5 angles égaux.
L'Hexagone......	de	6	idem	idem.
L'Heptagone......	de	7	idem	idem.
L'Octogone.......	de	8	idem	idem.

(1) On aurait, pour plus de simplicité instructive élémentaire, avantageusement substitué aux dénominations grecques et latines des appellations plus rapprochées du français.

Celle de *triangle*, subsistant comme type immédiatement intelligible, je proposerais

quatrangle, pour un carré,

cinqangle, pour pentagone,

sixangle, pour hexagone,

septangle, pour heptagone,

huitangle, pour octogone,

en y ajoutant le mot régulier, pour faire comprendre l'égalité des côtés, simultanément avec celle des angles, et je dirais un *plurangle* régulier ou irrégulier ; l'ignorant écolier, dont la mémoire ne se charge pas volontiers de ce qui lui paraît difficile, adopterait immédiatement ces dénominations presque françaises. Il est étonnant que dans notre siècle de progrès, on ne tente pas plus énergiquement de simplifier et d'éclaircir en le nationalisant, le langage de la science et de l'art. Quiconque professe peut assurer par expérience que jamais on n'enseigne avec plus de succès qu'avec des expressions familières, et qu'il n'y a que les explications vulgaires qui frappent et restent gravées chez les élèves.

L'Ennéagone	de 9	idem	idem.
Le Décagone	de 10	idem	idem.
Le Dodécagone	de 12	idem	idem.

On remarquera qu'à mesure que le nombre des côtés du polygone se multiplie, il se rapproche davantage de la forme du cercle, et l'on comprend pourquoi les mathématiciens ont eu une espèce de motif à définir le cercle : un polygone d'un nombre infini de côtés.

Dès qu'on se sera familiarisé avec les formes régulières, on saisira beaucoup plus facilement les formes irrégulières; en comparant toutes les figures de trois côtés ou lignes droites avec le triangle équilatéral, on remarque une infinité d'espèces de triangles. On observe la différence qu'il y a entre le carré parfait et toutes les figures de quatre côtés ou quadrilatères irréguliers; le carré long, le losange sont des quadrilatères qui ont des côtés parallèles; le carré long a ses angles droits et les côtés opposés parallèles, mais deux de ses côtés sont plus longs que les deux autres. Le losange a les côtés égaux et les angles inégaux.

Figures géométrigues et Polygones.

Polygone veut dire : à plusieurs genoux, inflexions ou angles.

Il y en a de réguliers et d'irréguliers, de rectilignes, de curvilignes et de mixtes.

Figures égales, figures semblables. — Euclide définit ainsi le mot figure : une étendue qui est terminée de tous les côtés. C'est par la comparaison des figures entre elles qu'on a trouvé et démontré les principes de la géométrie. Les figures égales, sont celles qui contiennent des espaces égaux. Ne confondez pas les figures égales avec les figures semblables.

Une figure de trois côtés peut contenir autant d'espace qu'une de quatre ou d'un plus grand nombre de côtés.

Une figure de trois côtés peut renfermer un espace plus ou moins étendu qu'une figure de trois côtés qui lui est semblable.

Un petit cercle est semblable à un plus petit cercle ou à un plus grand cercle ; tous les cercles de différentes grandeurs sont semblables et ne sont pas égaux.

Pour qu'une figure soit égale à une autre, il faut qu'en la superposant, toutes ses parties coïncident parfaitement avec la première. Les figures sont rectilignes, curvilignes ou mixtes.

Dans un cercle on nomme diamètre, de *dia,* à travers, et *metron*, mesure, la ligne droite qui passe par le centre pour aboutir de part et d'autre à la circonférence; sécante, celle qui le coupe et en sort ; tangente, celle qui le touche en un seul point; un rayon est une ligne tirée d'un point quelconque de la circonférence au centre. Les portions de circonférence comprises entre deux points quelconques, pris sur son contour, s'appellent arcs ; la droite qui les unit se nomme corde ; la portion d'espace superficiel renfermée entre un arc et la corde est un *segment.* L'espace contenu entre deux rayons et l'arc compris entre ces deux rayons est un secteur ; son angle se nomme aussi angle au centre. L'*angle inscrit* a son sommet sur un arc et ses côtés renfermés dans le cercle.

Un diamètre partage toujours le cercle en deux demi-cercles. Si l'on découpe un cercle de papier pour le ployer suivant son diamètre, on verra que les deux parties appelées symétriques qui seront de chaque côté du diamètre s'appliqueront exactement l'une sur l'autre. En ployant de nouveau le papier sur lui-même en deux autres moitiés égales, on verra que les deux plis obtenus seront deux diamètres perpendiculaires l'un à l'autre, qui forment quatre angles droits et partagent également la circonférence en quatre arcs parfaitement égaux qu'on a divisés en 90 degrés, mesure de l'angle droit.

On démontre en géométrie que si le rayon d'un cercle est double du rayon d'un autre cercle, la circonférence du premier est double de la circonférence du second ; autrement dit, les circonférences sont entre elles proportionnées à leurs rayons. Il suit de là que si nous considérons que les objets nous paraissent d'autant plus petits qu'ils sont plus distants, la raison en est en ce que l'angle formé par les deux rayons visuels menés de chaque côté de leur largeur ou grandeur contient un plus petit arc ou un plus petit nombre de degrés.

Or, en observant le diamètre du soleil dans les différentes saisons, on trouve qu'il est sensiblement plus grand en hiver qu'en été, d'où nous sommes autorisés à penser que sa distance à la terre est variable, et qu'elle est moins grande dans la première de ces deux saisons que dans la dernière.

Dessin graphique.

Maniement du compas. — Si l'on trace avec le compas, sans changer de centre, une série de circonférences de cercles de différentes grandeurs, c'est-à-dire avec des rayons plus ou moins grands, ces circonférences, appelées *concentriques*, offrent un parallélisme parfait dans leurs courbes, et les espaces compris entre un de ces cercles et son voisin sont des espaces annulaires ou en forme d'anneau plat.

Maniement du compas isolément. — Le compas à pointe sèche, dont les branches ne se démontent pas, ne sert qu'à mesurer des distances d'un point à un autre, ou à transporter une des dimensions, hauteur, largeur, longueur, sur un mètre, un pied, ou une échelle adoptée comme mesure. Le mot échelle signifie mesure grandie ou rapetissée en usage pour lever des plans. Le compas à balustre sert à tracer au crayon ou au tireligne. Les boîtes d'instruments en contiennent à ralonge, s'ajustant au compas pour décrire de grands cercles. La tête du compas est une sorte de charnière que l'on peut resserrer à volonté, au moyen d'un tourne-vis dont les deux angles portent deux dents, qu'on introduit dans deux trous ou yeux, que porte un des disques arrondis qui se voient de chaque côté de la tête de l'instrument, et qui tiennent lieu de vis de pression.

L'expérience et le maniement du compas feront comprendre qu'il ne faut pas que les branches soient trop flexibles ni trop roides pour les opérations de précision.

Il ne faut pas non plus peser sur la pointe sèche quand on veut tracer ou mesurer, sous peine de percer le papier. On trouvera de l'avantage à faire tourner la pointe sur un petit morceau de carton qu'on placera sur le papier, et dont on assurera la fixité en traçant son contour légèrement au crayon, afin d'être sûr qu'il ne se déplacera pas, et l'on fixera au crayon, sur le carton très-petit, le point de centre sur lequel devra pivoter la pointe du compas. On aura soin, dans tous les cas, de soutenir le poids du compas en le supportant avec la main gauche, pour éviter de faire des trous ou des éraillures au papier.

Pour réussir aux opérations du dessin linéaire de la règle, de l'équerre et du compas, le plus grand soin est nécessaire : la moindre déviation des instruments entraîne d'énormes erreurs. Il ne faut jamais prendre des mesures qu'avec le compas à pointes sèches ; le balustre porte-crayon ou porte-tireligne ne sert que pour tracer, on ne doit pas l'oublier ; le genou mobile peut fléchir sous la pression de la main ; il faut donc beaucoup de délicatesse de toucher pour l'exécution des opérations exactes.

Pratique du dessin linéaire graphique. — Ce genre de dessin n'exige que du soin et de l'adresse ; il est d'une utilité générale dans les arts et dans l'industrie.

Les instruments avec lesquels on l'exécute sont connus de tout le monde ; leur maniement exige néanmoins une expérience et une adresse particulières ; aucun livre de dessin linéaire n'en parle d'une manière assez pratique, c'est pourquoi nous en dirons quelques mots.

DU TRACÉ DES LIGNES DROITES.

Instruments, crayons. — On peut avoir à tracer des lignes droites sur le papier de différentes manières : soit avec le crayon, soit à la plume ou au tireligne, et en se servant d'une règle. Voilà donc divers outils fort simples qui exigent chacun un mode d'emploi particulier.

Papier. — C'est ordinairement sur le papier qu'on trace et qu'on fait toutes les opérations de précision du dessin linéaire ; on devra le choisir bien collé, et pour la plume ou le tireligne éviter le papier de coton.

Si l'on veut tracer préalablement au crayon des lignes que l'on devra ensuite repasser à l'encre, il faut employer un crayon de dureté moyenne n° 2, Conté ou Gilbert, marqué *ligne pour écrire et dessiner,* et n'appuyer que très-légèrement. La règle doit être fort doite, et cette condition étant assez difficile à rencontrer nous dirons qu'on vérifie la rectitude de la règle de la manière suivante :

Moyen de vérifier une règle. — On ploiera une feuille de papier sur un marbre de cheminée ou de meuble en appuyant fortement l'ongle sur le pli, et on obtiendra ainsi une bande plate aussi droite que possible le long de laquelle on appuiera la règle; si entre la règle et le bord du pli on observe le moindre intervalle, c'est un signe que la règle sera défectueuse en quelque point. On peut aussi vérifier si une ligne tracée à la règle est parfaite, au moyen d'un fil tendu aux deux points extrêmes, ou encore en retournant la règle bout pour bout, c'est à-dire en mettant le long de la ligne tracée la face de la règle qui était en-dessus, en-dessous. On verra de suite s'il y a du jour entre la ligne tracée et la règle. Les règles sont sujettes à varier, puisque le bois se déjette et que les métaux, le cuivre ou l'acier peuvent aussi éprouver des déviations. Les règles de bois plates et un peu épaisses, ayant un bord taillé en biseau garni de métal sont néanmoins préférables; on en trouve qui ont les graduations métriques et dont l'usage présente beaucoup d'avantages.

Carrelets, règles à feuillures. — Dans les pensionnats les règles sont ordinairement ce qu'on nomme des carrelets, de différentes longueurs, qui servent à régler les cahiers d'écriture. Il est rare que ces instruments, surtout s'ils sont étroits, puissent servir à des opérations un peu délicates de dessin linéaire. Plus elles sont longues et faibles de bois et moins elles sont droites; on doit les vérifier en plaçant l'œil à un bout de la règle et visant l'autre extrémité; on en appréciera ainsi immédiatement les défectuosités. Les règles courtes sont plus droites que les longues.

Règles plates pour tracer les courbes par points lorsqu'elles sont très-étendues. — Les grandes règles larges et plates et minces en même temps s'emploient pour les grands tracés. Leur flexibilité les rend même commodes pour tracer les courbes par points, en ce qu'en les tenant ployées le long des points, les lignes qu'elles donnent suivent sans jarrets une direction convenable, pourvu que la courbure soit peu sensible.

Une autre méthode d'essai d'une règle se pratique géomètriquement au moyen du compas à balustre : on tire avec la règle une raie au crayon sur un papier quelconque ; on place la pointe du compas sur la raie, à peu près dans son milieu ; on l'ouvre et on trace à droite et à gauche de ce point comme centre, deux traits de cercle, qui sont par conséquent à égale distance du point sur lequel on fait pivoter le compas ; on transporte ledit compas sur les arcs de cercles comme centre et, en l'ouvrant davantage, on trace de chaque côté de la ligne des arcs de cercles qui, en se croisant établissent deux nouveaux points à égale distance de la ligne tracée ; c'est de chacun de ces points qu'en formant, d'une ouverture de compas plus grande que la distance de chacun de ces points à la ligne donnée, des arcs de cercle qui viendront la couper de part et d'autre, et en répétant le tracé d'une série d'arcs de cercles avec des ouvertures de compas successivement différentes, on observera que les croisements de tous ces arcs de cercles, décrits des deux points en dehorss et à égale distance de la droite proposée, seront en ligne directe ; et si la ligne tracée à la règle ne passe pas par tous ces croisements, on sera assuré de sa défectuosité, et par conséquent de celle de la règle.

Cependant, il peut arriver qu'avec une règle parfaitement droite on trace une ligne qui ne le soit pas très-exactement : cela dépend alors de ce qu'en appliquant le crayon, la plume ou le tire-ligne, on aura involontairement écarté de la règle la pointe de l'instrument employé, par suite d'un faux mouvement de la main ou des doigts ; car il est essentiel, si on se sert de crayon, d'en maintenir la pointe continuellement en contact avec la face de la règle le long de laquelle il glisse, ou, ce qui est la même chose, pour faire l'application d'un terme géométrique, de tenir la pointe du crayon toujours *tangente* au plan de la règle. Une bande de papier ployée sur la surface plane d'un marbre peut à l'occasion servir de règle et remplacer parfaitement cette dernière. Les règles plates ayant un de leurs bords en biseau et l'autre à face carrément angulaire perpendiculairement au papier, servent pour le crayon et pour le tire-ligne ou la plume. Le côté le plus épais qui n'est pas en pente s'emploie pour le crayon si l'on veut; mais il est nécessaire et indispensable au tracé à l'encre, parce que son épaisseur et son élévation permettent de laisser quelque distance entre la fine pointe de l'instrument encré, plume ou tire-ligne, tout en lui permettant de toucher à la paroi de la règle : cette distance, si minime qu'elle soit, empêche l'encre d'adhérer au bois, et par suite de faire des pâtés sur le trait. N'oublions pas de dire que le tracé des lignes droites aux crayon exige de la légèreté dans la main, et qu'il faut également en se servant du compas éviter de percer le papier. (1) Si l'objet qne l'on veut dessiner doit être colorié ou lavé comme une carte ou un plan, il est nécessaire de tendre ou de fixer préalablement le papier sur une planche à dessin comme celle dont se servent les architectes; pour cette opération on mouille la feuille de papier légèrement avec une éponge fine. Après avoir rabattu les quatre bords au moyen d'un pli étroit destiné à la colle à bouche, on retourne le côté mouillé du côté du bois de la planche; lorsqu'il n'est plus qu'humide, et après avoir chassé l'air qui est entre la planche et le papier, on colle les bords en les enduisant de colle à bouche, et en appliquant ensuite très-fortement l'ongle du pouce sur les bords enduits de colle pour les faire adhérer intimement au bois. Au bout de quelques instants, un quart d'heure environ, le papier est tendu comme un tambour et l'on peut commencer à travailler.

L'encre qu'on emploie pour le dessin linéaire, ainsi que pour l'architecture, est de l'encre de la Chine; elle ne doit être ni trop épaisse ni trop coulante, et on la délaye dans un godet; il faut éviter de faire servir le lendemain celle qu'on a employée la veille, surtout si l'on veut s'en servir pour laver, sous peine de la trouver grommeleuse.

Exercice, dessin à main levée et à vue d'œil. — Un fort bon

---

(1) On peut, pour éviter de percer le papier, faire pivoter la pointe de son compas sur un petit rond mince en ivoire ou en corne, dont on a soin de tracer la place légèrement au crayon, pour que le trou où l'on pose la pointe du compas ne se dérange pas.

exercice pour former la main est de repasser à la plume des lignes droites tracées au crayon et à la règle, sans tremblottage ni reprise apparente.

Précautions et pose du corps pour le travail. — Pour acquérir la précision mathématique si nécessaire à l'exécution et à la perfection du dessin linéaire géométrique, on remarque que la pose du corps, des mains et de la tête influe beaucoup sur la marche régulière et inflexible de la plume qui repasse un trait ; la tête ne doit peser sur les mains et sera maintenue avec avantage plutôt en arrière qu'en avant. La hauteur de la table ou du pupitre sur lequel on travaille doit être proportionnée à la stature de la personne. On évitera de s'asseoir sur une chaise trop haute ou de travailler sur une table trop basse ; en un mot, il est de première nécessité de s'installer soi-même commodément, c'est-à-dire de façon que tous les membres agissent à l'aise et n'éprouvent ni lassitude ni contrainte. On évitera aussi, soigneusement d'appuyer la poitrine contre le bord de la table ou du pupitre, ce qui gêne la respiration. Les coudes ne doivent jamais être trop ployés ni trop écartés. On n'obtiendra de bon travail que par l'aisance de la tenue et l'absence de fatigue. La tête doit toujours être en face de l'ouvrage et ne jamais s'incliner vers la droite ou la gauche.

Le dessin linéaire exécuté mécaniquement, c'est-à-dire graphiquement et au moyen des instruments qui y sont appropriés, sera toujours utilement suivi du dessin à main levée sur un tableau noir ou sur l'ardoise et à vue d'œil. On s'accoutumera au tracé des lignes droites sans le secours de la règle, en se proposant de joindre deux points rapprochés d'abord, qu'ensuite on éloignera de plus en plus l'un de l'autre, graduant ainsi les difficultés.

On pourra encore tracer à la règle une ligne droite qu'on se proposera de prolonger à une certaine distance, soit à droite, soit à gauche, en haut ou en bas, suivant la position de la ligne donnée. On pratiquera aussi la méthode employée par les scieurs de long pour tracer à la craie une grande ou moyenne ligne droite avec le secours de la corde frottée de blanc, que l'on fixe par les deux extrémités et qu'on pince en la faisant cingler sur le bois ou le tableau.

Il sera très-avantageux aussi de s'accoutumer à couper à vue d'œil en deux une ligne droite d'une longueur donnée, puis en trois, en quatre, en cinq, etc. ; on vérifiera ensuite les divisions au compas ou à la règle métrique. La plus exacte idée que l'on puisse donner de ce que sont deux ou plusieurs droites parallèles, est dans le tracé au carrelet des lignes équidistantes qu'on obtient à chaque tour de règle sans changer de direction.

Toutes les lignes droites en effet sont parallèles, quand elles sont dans le même sens, et ne peuvent se rapprocher ni se croiser, fussent-elles prolongées d'un côté ou d'un autre.

Le mot ligne horizontale (1) s'applique à la direction invariable qui serait dans le sens de nos yeux, lorsque nous sommes debout, ou parallèle à la base du dessin ou de la feuille de papier placée devant nous. La direction verticale (2) est celle qui descend de la tête aux pieds quand nous sommes debout ; c'est le sens du fil à plomb connu de tout le monde. La surface de l'eau est l'image du plan horizontal parfait. Toute direction de plans de lignes ou de surfaces différentes des situations verticales et horizontales, s'appelle oblique ou inclinée.

En ployant sur elle-même une bande de papier le long d'une ligne parfaitement droite, de manière à ce que le bord de droite couvre parfaitement le bord de gauche, le pli rectiligne qui en résulte forme un angle parfaitement droit, intérieur aux deux lignes exactement perpendiculaires, et peut servir d'équerre, à défaut d'équerre de bois, il fournit même un moyen très-précis de vérifier l'exactitude des angles d'un carré parfait ou d'un carré long (3).

---

(1) La ligne horizontale est appelée aussi ligne de niveau ; le plan de l'eau calme est le niveau naturel.

(2) La ligne verticale, qui est perpendiculaire à l'horizon, tire son nom de *vertex*, tête ; ligne allant de la tête vers les pieds.

Le fil à plomb dont se servent les maçons pour dresser les murailles, est la verticale.

La verticale et l'horizontale sont deux directions immuables.

(3) Le carré parfait a ses 4 côtés égaux et ses angles droits.

Le carré long ou le rectangle a ses côtés opposés égaux et parallèles et ses angles droits ; il est plus long que large.

Les équerres de bois qui servent aux dessinateurs sont en forme de triangle rectangle. Il y en a qui sont isocèles, c'est-à-dire ayant les deux côtés de l'angle droit égaux. On les nomme aussi équerres à 45 degrés, parce que l'hypoténuse ou côté opposé à l'angle droit fait sur chaque côté de l'angle droit une inclinaison de 45 degrés.

En faisant glisser le long d'une règle une équerre quelconque on aura toujours le moyen de tracer des lignes droites parallèles On démontre, en géométrie, que toutes les parallèles comprises entre d'autres parallèles sont égales, et l'étude de la théorie géométrique des parallèles enseigne à diviser une ligne donnée en autant de parties égales qu'on voudra. Exemple : appelons X une ligne droite qu'on se propose de partager en neuf parties égales. On, tracera à l'une quelconque des extrémités de cette ligne, une autre ligne indéfinie sous un angle aigu ; sur cette ligne on portera avec un compas neuf fois la même longueur arbitraire qu'on voudra, on joindra le neuvième point de division avec l'extrémité de la ligne donnée, et par les autres points de division on fera passer des lignes parallèles à cette dernière qui ferme l'angle, les points de rencontre de ces parallèles sur la ligne donnée seront les points de division par 9.

Si on partage un triangle isocèle ou équilatéral par des lignes menées du sommet sur la base divisée en parties égales, et qu'on mène des parallèles à la base, n'importe où, dans le triangle; on aura toujours des lignes partagées en parties égales et proportionnelles à celles de la base.

Pour s'assurer de la perfection de l'équerre, il suffit de tirer, en l'appliquant sur le papier, les deux lignes qui forment l'angle droit, puis faisant tourner, sur un des côtés de l'angle droit comme sur une charnière, la face de l'équerre, de manière à venir l'appliquer à angle droit sur le papier à l'inverse, ou symétriquement au premier, on trace la base du second angle droit, cette base devra être le prolongement en ligne droite de l'angle droit tracé en premier ; ce qui donne l'occasion de faire remarquer qu'on peut toujours, au moyen d'une équerre, grouper ensemble quatre angles droits autour d'un point pour couvrir une surface plane.

Les figures régulières ou irrégulières rectilignes les plus simples ont toujours au moins trois côtés, et sont par conséquent des triangles.

Le triangle parfait ou équilatéral est la plus simple des formes régulières, et unique par sa régularité; mais il y a une infinité de formes de triangles. Exemple :

Le triangle isocèle a deux côtés égaux et deux angles égaux.

Le triangle rectangle a un seul angle droit; il peut être isocèle et rectangle. Le grand côté opposé à l'angle droit se nomme hypoténuse.

Le triangle acutangle a un ou tous ses angles aigus.

Le triangle obtusangle a un seul angle obtus, il peut être aussi isocèle. Sa hauteur tombe toujours sur le prolongement de sa base La dénomination de scalène, qui veut dire boîteux, a été donnée aux triangles dont les côtés sont inégaux. Tous ces noms sont tirés du grec.

On appelle base d'un triangle le côté inférieur sur lequel il est censé posé, et la hauteur est la perpendiculaire qu'on abaisse du sommet de l'angle opposé à la base, ou sur le prolongement de cette base dans certains cas.

Tracez un cercle d'une ouverture ou d'un rayon quelconque en conservant la même ouverture, placez la pointe sur un endroit arbitraire de la circonférence que vous venez de tracer, et décrivez des portions de cercles à partir d'un bord à droite de la circonférence vers la gauche où vous achevez votre arc de cercle. Répétez cette opération ainsi, en tournant et en plaçant votre pointe de compas sur les points d'arrêt des arcs qui finissent à la circonférence tracée en premier; cette circonférence se trouvera ainsi divisée en six parties égales. C'est en divisant la circonférence en six parties égales et en subdivisant ces 1/6 de circonférence en parties égales plus petites, qu'on est parvenu à diviser l'instrument appelé rapporteur en 190 degrés, ou la circonférence totale en 360 parties appelées degrés, et fractions de degrés appelées minutes, secondes, etc. Quand on sait diviser une circonférence en six, on sait y inscrire (c'est-à-dire tracer dedans) une figure rectiligne ou à lignes droites parfaitement régulière nommée hexagone, en joignant simplement par des lignes droites tous les points de division.

Si l'on trace d'un même centre un nombre quelconque de circonférence de différents rayons, on peut les diviser toutes en autant de parties égales qu'on voudra, et cela d'un seul coup, il suffit en effet d'en diviser une seule et de joindre les points de division avec le centre par des rayons; on prolongera ces rayons, et les prolongements couperont en parties égales les circonférences plus grandes qui se trouveront extérieurement; et les circonférences plus petites, se trouvant à l'intérieur de ce cercle, seront aussi divisées par les mêmes rayons en parties égales.

Quand on veut mesurer un angle quelconque avec le rapporteur on prolonge s il le faut les côtés de cet angle, et après avoir placé son sommet au centre du rapporteur, on en trouve la mesure exprimée par le nombre de degrés qu'on compte sur l'arc de cercle compris entre les deux côtés de l'angle(1).

On peut apprendre sur une horloge à rattacher lss idées d'angles et d'inclinaisons angulaires à celles des heures. Ainsi les deux aiguilles dans leur marche prennent des directions incessamment variables qu'on connaît par les heures.

Lorsque la petite aiguille marque midi et demi et que la grande est sur six heures, il n'y a pas d'angle : on a la direction verticale. A neuf heures un quart on a l'horizontale ou la direction dans le sens des yeux par où passe la ligne imaginaire qui borne notre vue tout autour de nous, et qui, si nous pivotons sur nous-mêmes, devient un cercle ; l'angle compris entre les aiguilles :

	à midi 1/4	est droit ;
ainsi qu'à........	3 heures 1/2	id.
également.......	à 6 heures moins 1/4	id.
idem............	à 9 heures moins 1/4	id.

et ainsi de suite. Plus on trouvera de moyens de fixer ses idées par des exemples matériels, et plus les notions seront durables.

---

(1) Si on joint les côtés d'un polygone régulier inscrit avec le centre du cercle par des rayons, l'angle au centre compris entre ces rayons est toujours, pour un triangle équilatéral, de 120 degrés du rapporteur ; pour le carré inscrit, de 90 degrés ; pour le pentagone, de 72 ; pour l'hexagone, de 60 ; etc.

Géodésie, ou transformation de surfaces en d'autres figures égales en superficies.

Il est utile, pour se bien pénétrer des caractères géométriques de tous les triangles, de les tracer sur du papier fort et de les exécuter à la règle et au compas dans les conditions ci-dessus décrites; de les découper ensuite avec un canif ou des ciseaux, et d'observer après tout ce qui peut résulter en les ployant diversement et en les taillant. C'est ce que nous intitulerons: de la géométrie palpable. Rien n'est plus fait pour développer les idées de grandeur, de volume et de proportions que de toucher, de couper, de ployer soi-même les figures du dessin linéaire. Cet exercice renferme un fond d'études dont on ne sanrait se douter si on ne l'a jamais pratiqué.

Prenons d'abord le triangle équilatéral; et replions-le sur lui-même, de manière que les deux angles de la base coïncident ou s'appliquent parfaitement l'un sur l'autre: le pli obtenu sera perpendiculaire à la base, puisqu'il formera de chaque côté deux angles droits : ce sera la hauteur du triangle. Si nous coupons le triangle en suivant cette hauteur, nous obtenons deux autres triangles qui sont parfaitement égaux et que l'on appelle symétriques, ce qui veut dire que toutes leurs parties sont les mêmes, mais dirigées en sens inverse. Si nous les disposons sur le papier ou sur la table, de telle sorte que les petits côtés de l'angle droit de chacun se touchent et que les grands tombent à droite et à gauche ; on obtient avec ces deux triangles que j'appellerai adjacents l'un à l'autre un triangle différent du triangle équilatéral, mais qui renferme néanmoins la même quantité superficielle de papier, ce qui fait parfaitement comprendre qu'on peut aisément changer la forme d'une figure géométrique sans que la quantité superficielle en soit amoindrie, ou, en d'autres termes, qu'on peut transformer une figure géométrique en une autre d'une même surface ou équivalente. On peut encore, en changeant la position des deux triangles, former une espèce de carré long qui sera ce qu'on appelle un parallélogramme rectangle équivalent au triangle primitif parfait; on trouvera aussi par une autre disposition des deux mêmes triangles un parallélogramme oblique. Il sera utile de chercher les différentes combinaisons qu'on peut obtenir en retournant ou en renversant les deux triangles ou éléments dont se composait notre triangle parfait primitif.

On trouve le centre d'un triangle parfait en ployant le triangle en deux pour avoir la hauteur, et en répétant ce ploiement trois fois en retournant le triangle successivement, et faisant passer toujours chaque pli du milieu par l'angle opposé à la base. Ces trois ploiements donnent trois perpendiculaires tombant chacune sur le milieu du côté opposé à l'angle d'où elle part, et qui se croiseront toutes trois précisément au centre de la figure.

Cette opération indique la manière de décrire de ce centre une circonférence qui circonscrira exactement les trois angles du triangle parfait; elle enseigne également à tracer intérieurement au même triangle une circonférence qui, passant par le pied des trois perpendiculaires qui donnent en se croisant le mileu du triangle, sera ce qu'on appelle, inscrite au triangle proposé. On dira que les côtés de ce triangle sont des tangentes au cercle inscrit.

Au moyen du triangle équilatéral on élève une ligne perpendiculaire à une ligne donnée ainsi : on place le triangle équilatéral sur la ligne donnée, de manière que la base de ce triangle s'applique le long de la ligne proposée et qu'un des angles s'appuie à l'extrémité de la ligne au bout de laquelle on veut établir la perpendiculaire ; on prolonge le côté du triangle opposé au point sur lequel on veut élever la verticale, d'une longueur égale aux côtés du triangle parfait; on joint l'extrémité de ce prolongement avec l'extrémité de la ligne dennée, et on a ainsi la perpendiculaire cherchée. On peut également opérer avec un triangle isocèle qu'on prolongera et qu'on joindra à l'extrémité de la ligne considérée comme base, exactement de même que pour le triangle équilatéral.

Les trois angles du triangle parfait étant égaux, chacun de ces angles est de 60 degrés.

On démontre en géométrie que la somme des trois angles d'un triangle égale deux angles droits.

Si on prolonge la base du triangle, l'angle extérieur s'appelle complément et est égal à la somme des deux autres. Ainsi dans le triangle parfait chaque angle étant de 60° l'angle extérieur compris entre le prolongement de la base et le côté est dit complémentaire des deux angles droits et vaut deux fois 60° ou 120°; donc $60° + 120 = 2$ droits.

Pour faire un carré sans règle ni compas. — Le carré parfait est une figure régulière de quatre côtés égaux et dont les angles sont droits. Il suffira de tracer le côté qui sert de base avec une bande de papier ployé, de placer à chaque extrémité l'équerre de papier qui servira à tirer les lignes montantes de droite et de gauche, de porter sur elles une longueur égale au côté qui sert de base et de joindre leurs extrémités supérieures pour avoir le quatrième côté, ce qui complétera le carré.

Si l'on inscrit un cercle dans un triangle parfait et qu'on joigne par trois autres lignes droites les points de contact du cercle, le triangle se trouvera divisé en quatre triangles égaux, ce qui démontrera que le triangle central compris dans le cercle est superficiellement le 1/4 du triangle circonscrit.

Si on ploie le triangle équilatéral de manière à suivre les lignes du petit triangle central et qu'on relève autour de lui les trois autres triangles, de façon à pouvoir être joints ou réunis par un petit bord de papier mince qu'on appliquerait avec une colle faite d'un mélange d'amidon et de gomme arabique, on obtiendra le relief de la pyramide triangulaire à quatre surfaces planes, le plus régulier et le plus simple des solides de la géométrie.

Nous voyons par ce qui précède qu'il était nécessaire de connaître le triangle équilatéral pour construire exactement ce solide ou polyèdre, selon l'expression géométrique.

Si l'on découpe un triangle équilatéral avec du carton mince et qu'on en trace la forme extérieurement avec un crayon fin, si le renversant de manière à le faire tourner comme sur une charnière sur le côté pris pour base et à appliquer le sommet qui était en haut dans un sens inverse, on trace les deux autres côtés et qu'on suppose la base commune aux deux triangles supprimée, la forme de parallélogramme résultante sera ce qu'on nomme losange, figure à quatres côtés égaux et parallèles ayant ses angles opposés égaux.

On peut aussi au moyen du triangle parfait construire un carré long, en prolongeant au delà du sommet du triangle ses deux côtés d'une longueur égale au côté de ce triangle et en joignant les extrémités de ces deux lignes entre elles et avec les angles du triangle donné. La figure obtenue est un carré long qui ressemble à une enveloppe de lettre dont le cachet serait placé au centre des diagonales. On y observe que le triangle qui a servi à opérer se trouve symétriquement répété dans le triangle renversé qui est en haut, et que les deux triangles placés latéralement, l'un à droite et l'autre, à gauche sont deux triangles isocèles symétriques et obtusangles dont l'angle obtus est de 12o, et le plus grand côté de ces triangles est opposé au plus grand angle.

En se servant d'un triangle équilatéral parfait en carton et en le faisant glisser sur une règle comme une équerre, on peut toujours tracer des parallèles sous un angle de 60o, cela peut toujours servir à construire des triangles parfaits de la grandeur qu'on voudra, puisqu'il suffira de tracer sur une ligne quelconque et à ses deux extrémités deux lignes sous un angle de 60' pour avoir un triangle parfait.

En répétant autour d'un point le tracé d'une suite de triangles parfaits, on remarque qu'ils remplissent exactement la surface du papier et produisent une nouvelle figure de six côtés extérieurs égaux et de six angles égaux : c'est ce qu'on nomme l'hexagone régulier.

D'après ce qu'on a lu plus haut sur le triangle parfait, le losange se compose du double des éléments du triangle équilatéral et par conséquent de 4 triangles rectangles qui ont les côtés du losange pour hypoténuse. On peut faire un losange avec 2 triangles isocèles.

Le mot losange vient du grec *loxos*, qui veut dire oblique, à cause de l'obliquité de ses contours. Mais on peut y inscrire l'ovale.

Les figures à quatre côtés égaux ou inégaux sont dites quadrilatères et les lignes qui les traversent d'un angle à un autre se nomment diagonales ; ce sont des sortes de diamètres qui se croisent. Il n'y a que deux diagonales possibles dans un losange, dans un carré long, dans le carré parfait dont nous allons parler. Dans

les autres polygones il y en a davantage puisque le nombre des
angles est superieur à quatre. Une sécante serait une ligne qui
couperait une figure rectiligne ou autre sans passer par aucun angle.

Pour construire un carré sur une ligne donnée il suffit d'établir
aux deux extrémités de cette ligne deux angles droits et sur les
verticales obtenues ainsi, de prendre la hauteur du côte du carré à
construire; puis de joindre les points de division de chacune de
ces verticales pour former le quatrième côté. Les diagonales d'un
carré sont toujours perpendiculaires l'une à l'autre et divisent le
carré en quatre triangles rectangles dont l'hypoténuse est formée
par les côtés du carré. Construisez le carré d'après les indications
ci-dessus et après l'avoir découpé ployez-le en deux : le pli obtenu
formera deux carrés allongés qui étant découpés à leur tour et
ajoutés l'un au bout de l'autre, formeront un seul carré long équivalent en surface au carré primitif parfait.

Si nous ployons le carré donné par le milieu une première fois
dans un sens et une seconde fois dans l'autre, ces deux plis perpendiculaires l'un à l'autre diviseront le carré parfait en quatre
autres petits carrés parfaits; cette opération a de l'analogie avec
celle par laquelle nous avons partagé le triangle parfait en quatre
plus petits triangles également parfaits.

Si nous ployons un carré parfait diagonalement une seule fois,
d'un angle à l'autre qui lui est opposé, nous obtenons deux triangles rectangles isocèles, ayant pour hypoténuse la diagonale ou le
pli qui a donné les deux triangles, et pour côtés, les côtés du carré.

Si nous coupons suivant le pli, notre carré, et que nous placions
les triangles ainsi obtenus en juxtaposant les deux angles droits,
nous aurons un grand triangle isocèle dont la base sera double du
carré donné et les deux côtés égaux à la diagonale. L'angle au
sommet de ce triangle sera égal à un angle droit.

Si nous ployons diagonalement un carré, une fois dans un sens
et une fois dans un autre, nous obtenons par cette opération
quatre triangles rectangles dont les côtés du grand carré seront
les hypoténuses et les angles droits seront précisément au centre,
de sorte qu'en plaçant le compas sur ce milieu et en l'ouvrant
jusqu'à la rencontre des angles du carré, on pourra circonscrire

exactement le cercle au carré. Le raisonnement fait concevoir que pour inscrire un carré dans un cercle, il suffit d'établir deux diamètres de ce cercle perpendiculairement l'un à l'autre et de joindre les quatre extrémités par des lignes.

Les quatre triangles rectangles que produisent les deux diagonales du carré peuvent fournir diverses remarques.

Si, après les avoir découpés, au lieu de les laisser réunis ensemble, nous retournons successivement chacun d'eux, en prenant l'angle droit qui se trouve à l'intérieur du carré pour le poser à l'extérieur, et que nous tracions la place de ces quatre triangles avec la pointe du crayon, il sera facile de voir que la grande forme extérieure totale renfermera une surface double de la surface du premier carré intérieur.

Cette opération démontre visiblement la célèbre proposition du carré de l'hypoténuse, dont Pythagore fut tellement satisfait qu'il voulut, en action de grâces, offrir aux muses qui la lui avaient inspirée un sacrifice de cent bœufs. Nous en répétons ici l'énoncé : Dans un triangle rectangle quelconque, le carré construit sur l'hypoténuse est égal à la somme des carrés construits sur les deux autres côtés. (Voir pl. I.)

La reconnaissance de Pythagore envers les muses inspiratrices étonnera sans doute les personnes qui ignorent l'immense utilité de cette proposition. Cette découverte, bien simple en apparence, jetait la lumière sur la mesure de toutes les surfaces et de tous les corps. Comme beaucoup d'hommes de génie, Pythagore était religieux et reconnaissant envers les divinités qui, dans une simple observation géométrique, lui découvraient une ample moisson de vérités de la plus haute importance.

Cette proposition conduit à trouver un carré égal en surface à autant de carrés qu'on voudra. Fig. 1.

Soit $a\,b\,c$ un triangle rectangle formé avec $a\,b$ et $a\,c$, les deux bases de deux carrés donnés ; l'hypoténuse $c\,b$ qui servira à construire un carré, le donnera égal en surface aux deux carrés ac et $c\,b$ réunis ; si on demande un carré égal à trois carrés donnés et que $b\,d$ soit le carré du troisième, faisant avec $b\,d$ et $b\,c$ un angle droit et tirant $d\,c$, alors il arrive que le carré $c\,d =$ le carré $b\,c$, plus le carré $b\,d$: par conséquent $=$ carré $a\,c$ plus carré $a\,b$ plus carré $b\,d$.

Ce qui est vrai pour les carrés construits sur l'hypoténuse d'un triangle rectangle est également vrai pour les surfaces de toute espèce de figures semblables. Si on remplace les carrés par des cercles, on aura la surface du cercle construit sur l'hypoténuse égale aux deux cercles construits sur les deux autres côtés.

On nomme figure semblable à une autre, celle qui a des angles égaux à ceux de l'autre et qui n'en diffère que par la longueur des côtés. Il y a un nombre infini de polygones réguliers, comme il y a un nombre infini de polygones irréguliers.

Si nous examinons ce qui arrive dans un carré parfait lorsqu'il est partagé de certaine façon par une sécante, les deux formes ou figures qui en résulteront seront ce qu'on nomme des trapèzes rectangulaires, c'est-à-dire qui ont un angle droit. Il y a des trapèzes non rectangulaires, dits scalènes boiteux, et des trapèzes isocèles; et pour qu'une figure puisse être nommée trapèze, il suffit qu'elle ait deux de ses quatre côtés parallèles.

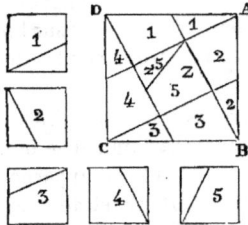

Le carré A B C D étant donné, on tracera quatre lignes qui joindront chaque angle droit avec le milieu de chaque côté, comme dans la figure ci-contre. Le carré intérieur Z, formé d'un trapèze et d'un triangle rectangle, sera le 1/5 de la surface totale, ou en d'autres termes, si l'on découpe avec des ciseaux la figure ci-dessus, on pourra en former séparément cinq carrés égaux, en réunissant toujours un triangle rectangle avec un trapèze rectangle.

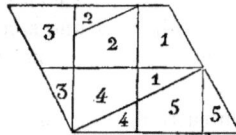

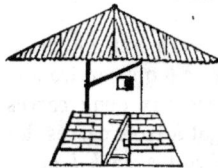

Ce problème peut se poser ainsi d'une façon plus piquante : on demande de partager un carré en cinq carrés égaux, par le moyen de cinq lignes tracées dans l'intérieur. Il sera également aisé de transformer le carré proposé en cinq parallélogrammes rhomboïdes égaux par une certaine disposition des triangles rectangles. On voit aussi, en envisageant le grand carré extérieur, qu'en transportant le grand triangle B A a dans sa position sur la droite de la ligne C D, on formera un parallélogramme.

Le parallélogramme A B C D étant donné, le transformer en cinq carrés égaux, nᵒˢ 1, 2, 3, 4, 5.

Le paralléllisme des côtés d'une figure à quatre lignes droites les a fait appeler quadrilatères parallélogrammes. Une figure de quatre côtés qui n'a que deux côtés parallèles est un trapèze. Il y a trapèze scalène, trapèze isocèle et rectangle. Un parallélo gramme qui a tous ses angles droits et ses côtés opposés égaux est un rectangle.

Quand un trapèze a un angle droit il est dit trapèze rectangle ; viennent ensuite les figures de quatre, de cinq, etc., et un nombre quelconque de côtés et d'angles inégaux, et l'on a l'idée de l'infinie variété des formes irrégulières rectilignes. Les figures régulières, comme celles qui ne le sont pas, sont toujours décomposables en triangles au moyen de lignes transversales. Le développement de ces lignes sur une unité de mesure donne l'évaluation linéaire de ce qu'on nomme périmètre. Si on découpe un cercle de carton et qu'on le fasse rouler le long d'une règle ou d'une ligne droite, on aura la développée de la circonférence.

La symétrie se remarque dans une figure ou forme linéaire quelconque, lorsque les deux parties ou un plus grand nombre de parties d'un tout sont disposées distinctement les unes des au-tres, tantôt dans un ordre, tantôt dans un autre inverse. Exemple: dans un hexagone, si on joint les angles de deux en deux par trois lignes, les trois côtés du triangle équilatéral qui sera formé dans l'hexagone détermineront à l'extérieur de ce triangle trois autres triangles isocèles égaux et symétriques.

On donne le nom de ligne de symétrie à chacune des directions sur lesquelles un polygone peut être plié en deux parties qui peuvent se confondre par la superposition. D'où il suit qu'un triangle équilatéral a trois lignes de symétrie, et que le triangle isocèle n'en a qu'une. Le rhombe parallélogramme dont les côtés sont égaux et les angles opposés sont égaux, a deux lignes de symétrie, car il peut être divisé de deux manières en parties symétriques différentes sur les deux plis ou directions de ses deux diagonales.

Le triangle scalène ou boiteux, ainsi que le rhomboïde, qui a les angles opposés égaux et les côtés inégaux, ne sont ni l'un ni l'autre symétriques.

Le corps humain et presque toutes les créatures vivantes offrent des caractères frappants de symétrie et de régularité.

L'intelligence, par la loi d'analogie universelle, est conduite à établir des rapports entre les choses variables et celles invariables, et, en les comparant, à saisir les ressemblances et les différences.

Il est possible, par les moyens de la géométrie, de trouver une commune mesure entre deux grandeurs, de comparer deux grandeurs à une troisième et ainsi de suite : à l'infini.

C'est par la considération des formes qu'on est parvenu à mesurer l'étendue des mondes, celle de notre globe, et de tous les corps qui y sont soumis à nos sens. Mais l'infini n'étant pas soumis à nos sens, nous ne pouvons le définir; il existe en petit et en grand cependant! Nous pouvons imaginer des formes toujours de plus en plus petites ou toujours de plus en plus grandes, aussi bien rectilignes que curvilignes; un point peut avoir toutes les formes, mais d'après la définition des savants, un point serait l'extrémité d'une ligne, et d'après eux une ligne serait une chose immatérielle (ou la trace d'un point immatériel) douée seulement de longueur, ce qui dépasse toute conception raisonnable.

Il faut donc forcément retomber dans les contemplations matérielles pour arriver à la compréhension des idées abstraites. On ne peut voir des lignes et des points, des hauteurs, largeurs et épaisseurs sans les rattacher à la matière.

La manière la plus profitable d'étudier le dessin linéaire ou géométrique est de rechercher partout l'occasion de l'appliquer autour de nous. Il n'est pas difficile, sans sortir même de la pièce où l'on étudie, de remarquer les caractères réguliers ou irréguliers de la forme générale intérieure de sa *capacité*; le parquet ou *plan par terre* sur lequel nous marchons serait la base d'un solide plus ou moins régulier; supposons que sa figure soit un carré long : le plafond, qui lui est parallèle, serait également un carré long, et les quatre murailles latérales seraient aussi des quadrilatères parallélogrammes rectangles.

Le tout ensemble serait donc une espèce de cube alongé, autrement dit un prisme à six faces rectangles, ou parallélipipède rectangle, dont l'architecte a dû nécessairement communiquer aux ouvriers toutes les mesures générales et de détails pour en obtenir la construction. Le maçon a exécuté son ouvrage d'après les mesures générales, a ménagé les ouvertures des portes et des fenêtres d'après celles de détail, et décoré la partie supérieure des murailles avec des moulures variées, dont les profils ou coupes lui ont été donnés pour l'embellissement de la pièce. Le menuisier, le marbrier, le peintre en bâtiment, le serrurier, le tapissier et l'ébéniste ont également contribué à la commodité et à l'agrément de l'habitation par l'application de leur industrie et de leurs connaissances du dessin linéaire.

Nous remarquons, en regardant autour de nous, qu'il n'y a pas un très-grand nombre de corps très-réguliers, si ce n'est ceux que l'industrie façonne au moyen des instruments de chaque profession. Les connaissances de dessin linéaire nous faciliteront toujours *l'analyse ou décomposition* de tout ce que nous voyons en parties plus simples, qui aideront à mesurer plus aisément et à imiter, soit en relief, soit en dessin. Nous observons aussi que, parmi les images qui frappent nos yeux, les corps inanimés ou sans mouvement sont les plus faciles à étudier; mais nous pouvons, en rapportant aux solides que la géométrie a pris pour types de régularité, mesurer, imiter, copier et réduire les objets dont les formes sont les plus complexes et les surfaces les plus variées.

La faculté d'imaginer des abstractions, de voir par la pensée, se développe par l'exercice primaire sur des objets palpables. Commençons donc par nous représenter une boule de bois, pour mieux saisir par la vue et le toucher l'idée de la rondeur parfaite d'un corps mathématiquement appelé sphère; une bulle de savon, par sa transparence cristalline, d'une autre part, fera comprendre la possibilité d'existence d'une forme semblable dans une autre matière ayant pour caractère la minceur et la transparence. Plusieurs analogies frapperont simultanément l'intelligence; on comprendra que la boule de bois diffère de la bulle de savon par la matière et la pesanteur : l'une pèse, est pleine et est opaque ; l'autre est légère, se soutient en l'air, est creuse ou vide de matière épaisse, ne renfermant que de l'air sous une pellicule de substance aussi claire que le verre. Nous pouvons fabriquer avec notre souffle des bulles de savon de différentes grosseurs par une plus ou moins forte insufflation, mais la forme sphérique est toujours conservée semblable, elle est parfaitement pareille à la boule de bois, de pierre ou de verre. La surface de la boule ou sphère est donc uniforme, courbe, convexe et toujours rentrante sur elle-même sans discontinuité ni aucune saillie irrégulière.

Une boule sphérique ou un ballon de verre de la forme de ceux qu'on emploie en chimie peut donner lieu à quelques observations utiles à l'intelligence des solides.

Si on le remplit d'eau ou d'un liquide quelconque jusqu'à sa moitié, le plan de l'eau sera ce qu'on appelle un plan équatorial, divisant en deux calottes égales la sphère.

Si on le remplit davantage, ce cercle deviendra plus petit, et à mesure que le liquide montera, chaque nouveau cercle que formera la nappe de l'eau en cherchant son niveau naturel sera toujours plus petit sans cesser d'être cercle.

Si au contraire, après avoir vidé l'eau jusqu'à la moitié, on en ôtait successivement ; les cercles qui se formeraient au-dessous de l'équateur diminueraient insensiblement sans cesser d'être des cercles.

Supposons pour un instant que la boule soit entièrement remplie d'eau et que nous l'observions attentivement comme corps transparent ou pénétrable à la lumière, nous verrons que les images extérieures s'y peignent d'une façon très-singulière : les lignes droites s'y courbent, et toutes les formes des objets opposés à sa surface y sont défigurées. Si nous nous approchons, nous voyons les objets placés derrière la boule considérablement grossis. C'est ce qui a donné l'idée des microscopes sphériques. L'étude des corps polis et miroitants est une des plus intéressantes et des plus curieuses par la variété des observations expérimentales qu'elle procure.

La science de l'optique a tiré de l'observation des corps sphériques transparents et de leurs sections par des plans transparents ou des surfaces courbes polies et opposées diversement, les moyens d'augmenter la force visuelle ; de rapprocher les objets pour les étudier plus commodément.

Le solide compris entre deux plans parallèles serait en géométrie une tranche sphérique.

Un segment sphérique serait renfermé entre la surface sphérique et un plan. Telle est la lentille plan-convexe.

La lentille bi-convexe est une pièce de cristal terminée circulairement et renfermée par deux surfaces courbes concaves. La lentille bi-concave est cylindrique extérieurement et renfermée par deux surfaces courbes adossées dont les cercles sont parallèles. La lentille plan-convexe est composée d'une face courbe et d'une face plate. Le ménisque convergent est formé d'une face convexe devant une autre convexe moins bombée. La lentille plan-concave a une face plate devant une face concave. Le ménisque divergent est une lentille à surfaces concaves, l'une plus courbe que l'autre.

La plus simple lorgnette ou lunette d'approche est composée au moins de deux verres lenticulaires : l'un se nomme verre oculaire, par lequel on regarde, et est monté dans un tuyau qui avance et recule pour trouver la netteté du point de vue ; l'autre s'appelle l'objectif, parce qu'il reçoit l'image. Le premier est bi-convexe, et le second n'a qu'une superficie sphérique et l'autre plate. Il arrive alors que l'image, réfléchie de l'extérieur sur une surface convexe, se peint telle qu'elle est sur la surface plate qui est derrière, et que la surface bi-convexe la répète avec grossissement par transmission.

Si l'on fait pivoter rapidement sur une table en manière de tonton, une pièce de monnaie, un sou, par exemple, ou tout autre disque parfaitement arrondi, l'œil percevra à peu près la même sensation visuelle que s'il considérait une boule ; cette apparence est une illusion produite par le mouvement du disque tournant sur son diamètre ou axe de rotation.

D'après cette observation, les géomètres ont imaginé d'appliquer à la sphère, cette définition :

Solides arrondis, produits par le mouvement. — La sphère est un solide engendré par la rotation d'un cercle autour d'un diamètre.

Tout corps sphéroïdal, c'est-à-dire qui rappelle la forme sphérique, est considéré comme engendré par la rotation d'un plan terminé par une courbe plus ou moins ressemblante au cercle, et tournant autour d'un axe ou diamètre pivotal.

L'œuf est engendré par l'ovale tournant sur un de ses axes. Le cône droit est engendré par le triangle isocèle (c'est-à-dire qui a les deux côtés du sommet du cône égaux), tournant sur sa hauteur comme axe, ou encore par un triangle équilatéral, demi-triangle isocèle, tournant sur sa ligne de hauteur.

Le cylindre droit est engendré par un rectangle ou un carré tournant autour d'un de ses côtés comme axe.

La géométrie et la mécanique, dans la considération des traces linéaires qu'on imagine produites par les corps supposés en mouvement, trouvent les lois mathématiques qui régissent la marche de tous les astres.

La courbe décrite par une pierre lancée au loin, ou par une bombe, est ce qu'on appelle courbe parabolique. On peut, sur une surface plane, tracer mécaniquement et d'un mouvement continu, certaines courbes.

Tracer ou décrire un cercle sans compas. — On décrit une circonférence de cercle sans compas, en plaçant un crayon à l'extrémité d'une règle que l'on appuie d'un côté au point donné et qu'on fait glisser circulairement sur le papier : le crayon, maintenu immobile, à son extrémité tracera une circonférence de cercle. Un jardinier se propose de tracer un cercle sur le terrain. Que fait-il pour y parvenir? Il fixe un piquet dans le sol, y attache un cordeau au bout duquel est une pointe qui lui sert de traçoir. Un clou planté sur une planche plate fournit le même résultat au moyen d'un crayon attaché à l'extrémité d'un fil.

Au sujet du tracé des courbes, l'opération du jardinier nous fournit l'à-propos de donner la notion exacte de la ligne spirale. Voici comment: notre jardinier enfoncera un clou dans le pied d'un tronc d'arbre de moyenne grosseur, sur un terrain aussi aplani que possible, et, attachant une ficelle à ce clou, il la tendra parallèlement au sol, puis ayant fixé une pointe au bout de la ficelle, il la fera traîner sur la poussière en traçant, circulant autour de l'arbre avec le cordeau toujours tendu ; la ligne obtenue ainsi ira toujours se rapprochant uniformément du clou planté dans l'arbre, jusqu'à la rencontre du tronc et du clou ; on aura décrit la ligne spirale plane qui s'arrête au crayon, mais qui pourrait être indéfinie dans l'espace autour de nous. Le cordeau en s'enroulant autour de l'arbre, y a produit un pas de vis qu'on appelle la forme d'hélice.

Si nous substituons au cordeau un ruban de fil plat et d'une égale largeur, nous observons qu'il serait possible de couvrir le corps du tronc d'arbre exactement avec le seul secours de ce ruban qui prendrait la forme dite héliçoïde régulière, tant que le corps de l'arbre serait d'égale grosseur.

Les mirlitons des enfants portent des bandes de papiers de couleurs enroulées en spirales.

Les tire-bouchons d'une bouteille, le pas d'une vis, sont des spirales. Le coquillage du limaçon et des ammonites, font des courbes spirales, dites conchoïdes. Une bande de papier d'égale largeur remplirait le même objet.

Un ruban, une ceinture, roulée autour d'une bobine et l'enveloppant d'un nombre quelconque de tours, donnent l'idée juste de ce qu'on appelle volute. La corde de la toupie est une sorte d'hélice autour d'un cône. Une feuille de papier à plat sur une table de marbre, ne saurait toucher un globe en plus d'un point ; en la roulant en tube cylindriquement, ou en cône, on peut envelopper circulairement la boule, c'est ce qu'on appelle inscrire une sphère dans un cylindre ou dans un cône. Nous avons vu qu'on peut produire un cercle par le mouvement, une spirale par le mouvement exécuté autour d'un point. La spirale est aussi la forme du mouvement de la fumée. Dieu, dit Bernardin de Saint-Pierre, gouverne le monde par des puissances mobiles, et il en tire des harmonies invariables. Le soleil ne parcourt ni l'équateur, où il remplirait la terre de feux, ni le méridien, où il l'inonderait d'eaux ; mais sa route est tracée dans l'écliptique où il décrit une ligne spirale entre les deux pôles du monde. Il répand dans sa course harmonique, le froid et le chaud, la sécheresse et l'humidité, et il fait résulter de ces puissances destructibles, chacune en particulier, des latitudes si variées et si douces sur toute la terre, qu'une infinité de créatures d'une extrême délicatesse y trouvent tous les degrés de température convenables à leur fragile existence.

On peut encore produire d'autres courbes mécaniquement, et notre jardinier, en plantant deux piquets en terre et en nouant son cordeau de manière à en faire comme un collier dont le contour soit plus grand que la distance qui sépare les deux piquets ou jalons, va nous apprendre à tracer l'ellipse des jardiniers. Pour cela, il placera son traçoir le long du cordeau en produisant une tension uniforme, et la pointe 'exécutera autour des deux points fixes qu'on nomme foyers, la courbe proposée : sa plus grande largeur se nomme le grand axe ou grand diamètre, et sa plus petite le petit axe ou petit diamètre. On trace en plus petit des ellipses du même genre, avec des clous plantés pour foyers dans une planche à dessin ; mais l'inconvénient de percer la feuille de papier, rend ce moyen impraticable. Pour éviter de piquer le papier, on place sur la feuille à dessiner une bande ou règle de carton, dans laquelle on a fait passer par *deux trous qui représentent les foyers*, un fil de soie en manière d'anneau qui joue le rôle du cordeau pour guider le crayon mis en mouvement, exactement de la même manière que précédemment. On procède donc d'abord au tracé de la moitié de l'ellipse, et pour l'autre moitié, on retourne la règle de carton en appuyant les foyers sur les points correspondants le long du grand axe, et on opère comme pour la première moitié. On se sert aussi d'un instrument en bois ou en fer, appelé compas à ovale, qui se compose d'une règle mobile se mouvant dans deux rainures en croix, au moyen de deux pivots qui sont maintenus fixes par des vis de pression et qui sont les foyers, tandis que le crayon, maintenu au bout de la règle, trace la courbe demandée.

Tracer un ovale approchant de l'ellipse, connaissant les deux diamètres, ou le grand et le petit axe.

En construisant sur la distance des foyers F' F un triangle équilatéral, et en prolongeant ses côtés vers M C, on a le moyen de tracer la courbe M C X, se raccordant parfaitement avec M A.

*Construire une ellipse, sa longueur et sa largeur étant don-
nées.* — P. 71. Soit A B, la longueur, et C D, la largeur de l'ellipse. Prendre C E, moitié de C D, et reporter cette grandeur de
A en O, diviser en trois parties égales O E, différence de deux de-
mi-diamètres ; prendre une de ces divisions et la rapporter de O
en I ; des points I, A, comme centre et d'un rayon égal à leur écartement, décrire deux arcs qui se coupent en G et en L ; du point
B, comme centre et du même rayon décrire un arc indéfini qui
donne le point F ; de ce point et du même rayon décrire un arc de
cercle qui s'arrête aux points H, K, ce qui termine les deux extrémités de l'ellipse. Pour décrire le reste de sa circonférence, des
points G H, comme centre et d'un rayon égal à leur écartement,
décrire deux arcs qui se coupent en M ; de ce point M, et du même
rayon décrire l'arc G C H, ce qui termine un des côtés de l'ellipse ;
ensuite des point K, L, et du même rayon décrire deux arcs de
cercle qui se coupent en N, ce

Remarque. Un cercle, vu obliquement, devient une ellipse et
appartient aux sections de cylindres par des plans.

L'ovale régulier s'obtient par deux cercles de même rayon, se
croisant de telle sorte, que la circonférence de l'un passe par le
centre de l'autre ; on joint ensuite les centres avec les points de
croisement des cercles, ce qui forme deux triangles équilatéraux,
en haut et en bas, inscrits entre les deux arcs de croisement ; les
côtés de ces triangles étant prolongés, on place le compas à balustre au sommet de chacun d'eux, situé aux deux intersections des
cercles, et on trace les arcs de cercles, qui, par leur raccordement
avec les deux petits cercles, achèvent de former en haut et en bas
l'ovale cherché.

Trouver le centre d'un ovale (Carré A, planche III.) — Soit X
l'ovale proposée, tirez n'importe où la droite C D, et à telle autre
distance arbitraire, la droite E F parallèle à C D, partagez chacune de ces lignes en deux, tirez la ligne I K prolongée jusqu'à
la rencontre de la courbe, et prenez-en la moitié qui sera au centre cherché, carré A.

Pour trouver les deux diamètres quand on connaît le centre L,
on décrit de ce centre une circonférence qui excède à droite et à

gauche le contour de l'ovale, on joint par des lignes les points où la circonférence coupe l'autre courbe N O, M P. On mènera par le centre L une ligne Q R, qui sera le petit axe, et en conduisant une perpendiculaire T S à ce petit axe on aura le grand.

Pour tracer l'ovale avec une bande de papier, fig. Y, carré A, traçons dans un angle droit, qui sera le quart de l'ovale, les longueurs O B, O D, des deux demi-axes. On applique ensuite les extrémités B D de la différence de ces longueurs sur les côtés de l'angle droit, l'extrémité O sera un point de la courbure; on aura ainsi autant de points qu'on voudra en faisant tourner la bande de façon que les points B' et D' soient toujours sur les côtés de l'angle droit.

La forme exacte de l'œuf a un gros bout et un petit bout. (Voir plus loin son tracé.) (Planche I, fig. Z.)

L'hélice est une ligne courbe tracée en forme de vis autour d'un cylindre ou d'un cône. (Pl. I, colonne à droite, fig. X.)

La parabole est une courbe ouverte à une seule branche qui est telle, que chacun de ses points se trouve à la même distance d'un point fixe nommé foyer, et d'une droite nommée directrice. On l'obtient en coupant un cône droit par un plan parallèle au côté du cône. (Pl. I, col. à droite, fig. Y.)

Si on coupe le cône droit par un plan perpendiculaire à sa base et passant par un côté incliné, la courbe obtenue sur le plan est ce qu'on appelle une hyperbole.

On décrit aussi une ellipse en prenant un cercle avec une série de cordes parallèles et un diamètre d'équerre ou perpendiculaire à ces cordes, on raccourcit alors toutes ces cordes dans une même proportion; le diamètre du cercle devient alors le grand axe de l'ellipse qu'on trace par la jonction des extrémités des cordes, aux points où elles doivent être raccourcies. (Pl. I, fig. A C, col. *id.*

Dans l'ellipse tracée par la méthode du fil, indiquée précédemment, la somme des distances d'un point quelconque de la courbe aux deux foyers est la même pour tous les points de la courbe, et constamment égale à la longueur du fil ou grand axe; la longueur du fil est le grand axe, et les points où il coupe la courbe se nomment apsides. Dans les orbites planétaires, la plupart des ellipses astronomiques sont presque rondes. On nomme périhélie (du grec, *péri*, près ; *hélios*, du soleil), l'apside, où position, où un astre comme notre planète en est le plus voisin, et parhélie (de *para*, loin ; *hélios*, du soleil), celle qui en est la plus éloignée.

La véritable ellipse mathématique ne s'obtient réellement qu'en coupant un cône droit par un plan oblique à l'axe de ce solide. La racine grecque de ce mot veut dire retranchement de parties ; en terme de grammaire, on dit qu'une phrase est elliptique, lorsqu'elle présente des retranchements de mots qui seraient nécessaires pour une construction pleine. Les courbes suivantes, appelées ovales ou ellipses, ne sont que des imitations d'ellipse conique. Elles s'obtiennent, comme on va le voir, par ce qui s'appelle raccordement d'arcs.

Raccordement des lignes.

On dit que des arcs de cercles se raccordent, lorsqu'ils se continuent les uns dans les autres sans jarreter, c'est-à-dire sans former des coudes ou jarrets qui choqueraient l'œil dans une courbure ondulée ou dans une spirale. Tirez une ligne droite indéfinie, et ouvrant un compas à balustre, tracez au-dessus de cette ligne un demi-cercle, puis à côté, plaçant le compas de manière que la pointe du crayon trace, à partir de la fin de la demi-circonférence, une autre demi-circonférence en dessous de la ligne faisant suite symétriquement à la première, ces deux courbes se raccorderont en forme d's, et en répétant les demi-cercles d'égal diamètre au bout les uns des autres sur la ligne donnée, en les alternant avec symétrie, on aura une ligne ondulée à ondulations égales. On obtiendrait un autre genre d'ondulation et par raccordement, en traçant un demi-petit cercle, un demi-cercle plus grand, et ainsi de suite, à l'infini ; tous les demi-cercles se raccordent toujours avec d'autres demi-cercles plus grands ou plus petits, pourvu que les centres de ces cercles soient placés en ligne droite. Tout l'art d'imiter les courbes de toutes espèces par des assemblages de différents arcs de cercles, consiste à poser toujours les deux centres de deux arcs qui doivent se joindre sans jarreter, sur une même ligne droite. On se rendra un compte immédiat de ce fait en découpant avec du carton un cercle, et en le coupant en quatre quarts ; si on les dispose analogiquement à l'ondulation précédente, pour que les quatre arcs de ces 1/4 de cercle se raccordent, on voit que le centre du second 1/4 est en ligne droite avec le 1/4 du premier, que le 1/4 du troisième arc est en ligne droite aussi avec le 1/4 du second, et ainsi de suite. Les rayons des angles droits, soutenus par ces arcs, établissent ainsi un feston de lignes droites, se brisant toutes à angles droits. On obtiendrait ainsi le tracé d'une infinité d'ondulations composées d'arcs d'un nombre de plus ou moins de 90 degrés.

Il est facile avec du carton découpé de se fabriquer des espèces de patrons à tracer familièrement des formes ovales. Exemple : Découpons deux demi-cercles, un grand et un petit ; coupons-les en deux parties égales, qui seront des quarts de cercles ; plaçons sur le papier un des quarts du grand cercle, et, de chaque côté, plaçons les deux petits quarts, de façon que les arcs des petits quarts soient la continuation de la courbe du grand quart. La réunion de ces trois courbes sera parfaitement uniforme, sans jarret, et n'aura besoin, pour être fermée en façon d'ovale, que du renversement symétrique de l'angle du secteur du grand quart de cercle, de l'autre côté des deux petits quarts de cercles. Si nous traçons dans l'intérieur de chacun des secteurs sur lesquels nous venons d'expérimenter, une série, je suppose, de *quatre* ou plusieurs arcs de cercles concentriques équidistants, et en replaçant nos quarts de cercles comme précédemment, nous voyons qu'on a par là le moyen de tracer autant d'ovales concentriques qu'on en veut.

Si l'on coupe une série indéfinie de quarts de cercles ou de secteurs de 90 degrés, dont les rayons soient progressivement de plus en plus grands, et qu'on les dispose comme dans la figure 3, on aura le principe de la spirale ou volute à angle droit, dont la courbe va progressivement en augmentant, dans le même rapport que les rayons des secteurs qui l'engendrent, ou générateurs.

Si l'on taille également une série indéfinie de secteurs en carton variant progressivement et proportionnellement de rayons, et toujours angulairement égaux, c'est-à-dire, ayant un angle au centre d'un nombre de degrés toujours égal, puis si on les dispose par juxta position successive, on aura une spirale dont la forme sera toujours harmoniquement courbe. Ce que nous venons de dire plus haut pour l'ellipse à quart d'angles droits conduira à chercher et à trouver une infinité d'autres courbes fermées obtenues par raccordement.

Spirale par points. (Pl. I, col. 1re, fig. S.) — La méthode pour tracer la spirale par points consiste à établir sur un diamètre donné une série concentrique de cercles équidistants de rayons progressivement diminués depuis le grand cercle jusqu'au plus petit, à diviser ensuite en un certain nombre de parties égales, la grande circonférence par des rayons qui coupent à la fois tous les cercles concentriques qui y sont contenus; puis partant du centre commun, on joint par des lignes le point central au point de section du plus petit cercle par une courbe, que l'on fait continuer en allant ainsi de droite à gauche ou de gauche à droite, toujours en s'éloignant du centre, tirant la ligne de continuation de cette courbe depuis l'arc du premier cercle vers la section qui est faite dans l'angle suivant par le second cercle, puis de cette dernière section à la section du troisième cercle dans le troisième angle, et successivement comme par échelons. On comprend que la perfection de la courbure sera d'autant plus grande que la circonférence aura été divisée en un plus grand nombre d'angles ou de parties égales, et que les cercles concentriques seront plus rapprochés dans leurs distances égales et plus nombreux aussi.

La forme de l'œuf ou ovoïde s'obtient en traçant dans un grand cercle un diamètre horizontal qui donne le gros bout de l'œuf au-dessus de cette ligne, puis en abaissant sur le milieu de ce diamètre un autre diamètre perpendiculaire qu'on prolonge au-delà du cercle. Ensuite, joignant les extrémités du diamètre horizontal avec le point où le second diamètre rencontre la circonférence par deux lignes qu'on prolonge aussi au-delà du cercle, on ouvre le compas d'un rayon égal au diamètre horizontal et le plaçant alternativement à l'extrémité droite, puis à l'extrémité gauche, on trace au-dessous du diamètre horizontal un arc de cercle à droite et un à gauche, chacun vient se renfermer entre les lignes extérieures au cercle et s'arrêter aux côtés extérieurs de l'angle droit formé naturellement à l'opposé de l'angle droit inscrit dans la dernière circonférence inférieure au gros bout de l'ovoïde. Il suffit alors pour achever de fermer la courbe de tracer le petit quart de cercle dans l'angle droit extérieur en plaçant le compas à son sommet et en l'ouvrant sur le bout des courbes de droite et de gauche que l'on vient de tracer précédemment.

Des courbes se raccordent toujours avec des lignes droites, lorsque ces droites sont menées de manière à former des tangentes avec elles, ou sont perpendiculaires à l'extrêmité des rayons de ces courbes.

Les considérations générales précédentes sur les courbes spirales font voir une grande analogie de ces courbes avec certaines combinaisons de lignes droites régulièrement brisées et rentrantes sur elles-mêmes : nous voulons parler de la forme de la grecque connue et très fréquemment en usage dans l'architecture et les beaux arts. On imaginera ainsi facilement le tracé de toute espèce de bâtons rompus, à angles toujours égaux. Une série de lignes droites disposées à angles de polygones réguliers et partant d'un point central pour s'en éloigner progressivement en grandissant graduellement ses développements, offrira avec la spirale des rapports que l'execution rendra encore plus faciles à saisir. On peut s'y exercer, en faisant une ligne brisée enveloppante, partant d'un petit triangle équilatéral el s'éloignant en façon de spirale à lignes brisées sous l'angledu triangle équilatéral, les côtés étant maintenus toujours dans un parfait parraléllisme avec ceux du premier triangle équilatéral, qui règle toutes les circonvolutions et les inflexions de cette spirale, que j'appellerai trilinéaire. On en tracerait tout aussi facilement une rectangulaire, pentagonale ou hexagonale où l'on adopterait toujours à chaque circunmflexion (1) un angle droit d'un carré, ou un angle quelconque de polygone régulier.

Le décor ou l'ornementation tire un très grand parti des formes précédentes pour couvrir des frises ou certains espaces, d'une façon régulière et agréable à l'œil. Les lignes et les figures du dessin

(1) Circumflexion, j'ai hasardé ce mot, qui veut dire inflexion angulaire autour d'un point de départ d'où l'on s'éloigne toujours.

linéaire sont les initiations à ce grand art de tracer des formes capricieuses d'après certaines règles. La spirale ou la grecque une fois comprises dans leur principe, il ne s'agit plus que d'en meubler le courant par des détails de feuillages empruntés à la végétation et subordonnés aux règles du bon goût.

Il n'y a que trois sortes de polygones réguliers dont les angles puissent remplir exactement l'espace autour d'un point :

Savoir, 6 triangles équilatéraux, quatre carrés et trois hexagones réguliers.

Manière de tracer une parabole (Planche III, à gauche en bas.) — Tirez la droite A B que vous diviserez en deux au point C, puis en C élevez C D = à l'axe de votre parabole. Divisez cet axe C D en plusieurs parties égales, par exemple en 6 en G, H, I, D. Par ces points et sur C D faites tomber des perpendiculaires qui la traversent; ces transversales seront parallèles entre elles et à la base A B.

Prolongez ensuite C D vers le haut, vers K divisez la première distance D I en deux parties égales en L, prenez la longueur D L pour la porter de D en M. Puis prenez M I pour porter M I de L sur et vers les extrémités de la première transversale I, comme aux points N et O, puis de suite prenez M H, et portez-la de L sur les extrémités de la seconde transversale H, comme aux points P et Q.

Prenez aussi la distance M G et portez-la de L vers les extrémités de la ligne transversale G, en R et S, et ainsi de suite vous obtiendrez T, V, X, Y. De sorte que si l'on fait passer en la courbant un peu, une ligne par toutes les extrémités de ces transversales, on aura le trait A X T R P N D O Q S V B de la parabole cherchée.

Procédés et Problèmes graphiques.

Pour diviser une ligne en deux parties égales. — Fig. 6. Soit donnée une ligne A B.

Il faut ouvrir son compas plus grand que la moitié de la ligne A B, placer une des pointes au point A, puis décrire un arc de cercle

d'une grandeur in-
définie; ensuite pla-
cer la même pointe
au point B, et, de la
même ouverture de
compas (c'est-à-dire
sans l'avoir ni rou-
vert ni refermé), dé-
crire un second arc
de cercle et le pro-
longer jusqu'à la
rencontre du pre-
mier, ce qui donne
les points C D; alors,
joindre ces points
par une ligne droite
qui divisera la ligne
A B en deux parties
égales.

On se sert de cette opération pour élever une perpendiculaire
au milieu d'une ligne donnée. Dans l'application du dessin à l'industrie, il peut arriver que la ligne à diviser soit très-grande, et
qu'il soit impossible de le faire avec un compas; on prend un fil,
on le détermine de même longueur que la ligne à diviser, puis, le
pliant en deux, on obtient le milieu de la ligne donnée. On peut
par ce moyen diviser en deux, en quatre, en huit, une ligne très-
longue.

Pour diviser un angle en deux angles égaux. — Fig. 7. Soit
l'angle A que l'on veut diviser.

Du point A comme centre, et d'un rayon pris à volonté, décrire
l'arc B C; puis des points B et C comme centre, et d'un même
rayon, c'est-à-dire d'une même ouverture de compas, décrire deux
arcs de cercle qui se coupent en H, joindre les points A H par une
ligne droite qui divisera l'angle donné B A C en deux angles parfaitement égaux.

Pour obtenir un angle égal à un angle donné, c'est-à-dire qui ait la même ouverture. — Fig. 8 et 9. Soit donné l'angle A, on propose d'en tracer un autre ayant exactement la même ouverture à l'extrémité de la ligne D E.

Des points A et D comme centre, et d'un même rayon ou ouverture de compas, pris à volonté, décrire deux arcs de cercle B C, E H ; prendre la grandeur de l'arc B C et la reporter bien juste de E en H, joindre les points D A, et l'angle E D H est égal à l'angle B A C.

Du preneur d'angle. — Un des objets les plus utiles à se procurer, est un *preneur d'angle* (appelé je ne sais pourquoi par les ouvriers, *fausse équerre*, quoique le titre véritable que l'on doit lui donner est preneur d'angle, puisqu'il sert spécialement à prendre les angles) ; il est formé par deux règles, de même longueur et de même largeur, qui sont fixées ensemble à l'une de leurs extrémités par une vis qui permet à ses côtés de s'ouvrir et de se fermer à volonté, et par conséquent de pouvoir prendre avec la plus grande justesse la grandeur de tout angle. Donc on peut obtenir le même résultat en se servant du preneur d'angle, que par l'opération que je viens de décrire.

Pour obtenir au moyen du preneur d'angle un angle égal à un angle donné, on place un de ses côtés tout près et pour ainsi dire touchant la ligne B A, puis on ouvre le preneur d'angle, jusqu'à ce que son autre côté recouvre juste la ligne A C ; reporter le preneur d'angle sur la figure 9, de manière que l'un de ses côtés soit tout près de la ligne E D, le point D étant correspondant au point A ; alors on pourra tracer la ligne D H, qui formera l'angle E D H et le déterminera égal à l'angle B A C.

Ce moyen peut aussi servir à mener une ligne oblique D H qui doit être parallèle à une oblique A C.

Pour construire un carré sur un côté donné. Fig. 10. Soit A B le côté donné.

Des points A B, base du carré, élever des perpendiculaires indéfinies par le moyen que j'ai donné page 32, c'est-à-dire au moyen de la règle et de l'équerre ; puis des mêmes points A et B comme centres, et d'un rayon égal à leur écartement, ou pour mieux dire

égal à la longueur de la ligne A B, décrire deux arcs de cercle;
leur rencontre avec les perpendiculaires donne les points C D
que l'on joindra par une droite ; le carré est complétement construit.

Remarque. Au lieu de mener entièrement les arcs de cercle,
on les trace seulement à leur rencontre avec les perpendiculaires.

Pour construire un parquet de dalles carrées dans un carré.
— Fig. 10. Soit donné le carré A B D C; il faut diviser la base A B
en un nombre quelconque de parties égales, par exemple en quatre ;
des points de division élever des perpendiculaires jusqu'à la rencontre de la ligne C D, puis mener la diagonale A D croisant ces perpendiculaires ; par tous les points de rencontre mener des lignes horizontales jusque et compris les lignes A C, B D, et l'on aura un
parquet formé de dalles carrées.

*Pour construire un parquet formé de dalles carrées vu
d'angle.* — Fig. 11. Toute la préparation de cette figure s'établit
absolument de même que celle de la figure 10 ; puis, faisant poser
des lignes en diagonale, on détermine exactement le parquet.

Remarque. Pour ombrer ces figures, il faut y apporter beaucoup
de soin, afin de ne
pas se tromper.

PL.3

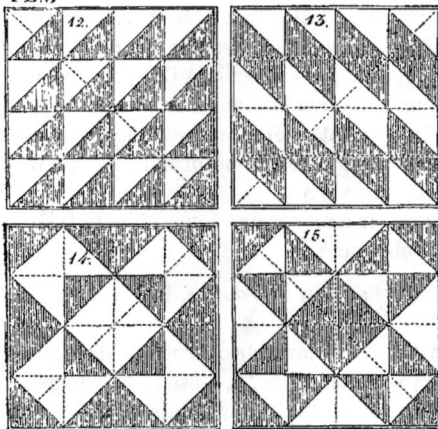

*Suite de l'étude de
parquet ou carlages
variés.* — Les figures 12, 13, 14 et 15
de cette planche
s'établissent en suivant les mêmes préparations qu'à la
fig. 10. Seulement
ce qu'il est très-important d'observer,
c'est le nombre des
carrés qui doivent
servir à tracer exactement le dessin.

PL 4

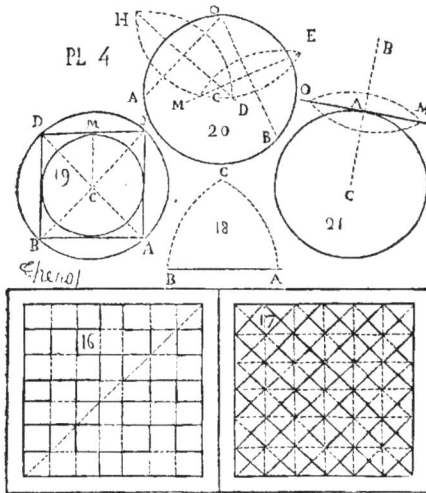

Études de tuiles. — Les figures 16 et 17 sont encore des applications de la figure 10, ce qui démontre quelle nombreuse série de figures régulières peuvent s'établir au moyen de carrés.

Pour construire un triangle équilatéral. — Fig. 18. Le triangle équilatéral a les trois côtés égaux.

Soit A B le côté donné.

On peut toujours inscrire un triangle quelconque dans un cercle, mais on ne peut pas toujours y inscrire un polygone irrégulier de plus de trois côtés.

Des points A et B comme centre, et d'une ouverture de compas égale à la longueur de la ligne A B, décrire deux arcs de cercle qui se coupent en C, et mener les lignes A C, B C ; le triangle A B C sera le triangle équilatéral.

Pour inscrire un carré dans un cercle. — Fig. 19. Il faut mener deux diamètres perpendiculaires l'un à l'autre, leur rencontre avec la circonférence du cercle donne les points A B D O ; joindre ces points par des lignes droites, elles formeront un carré.

Pour inscrire un cercle dans un carré. — Fig. 19. Mener les diagonales du carré B O, A D : du point où elles rencontrent C, élever une perpendiculaire au côté D O, ce qui donne le point M ; la ligne C M est un rayon du cercle que l'on veut inscrire ; alors du point C comme centre, et d'une ouverture de compas égale au rayon C M, décrire le cercle demandé.

Pour circonscrire un cercle à un carré. — Fig. 19. Comme dans le cas précédent mener les diagonales, B O, A D, leur rencontre donne le point C, qui est le centre du carré et du cercle que l'on veut décrire. Les demi-diagonales, A C, B C, D C, et O C, sont des rayons, etc.

Pour retrouver le centre d'un cercle ou d'une portion de cercle donné. — Fig. 20. Prendre à volonté sur la portion du cercle qui existe les points A, O, B, joindre ces points par les lignes A O, O B; puis diviser la ligne A O en deux parties égales par le moyen que j'ai donné page 17, c'est-à-dire par la ligne D H; prolonger cette ligne indéfiniment; ensuite diviser de même la ligne O B, en deux parties égales par la ligne E M, la rencontre de cette ligne avec la ligne H D donne le point C qui est le centre de la portion de cercle ou du cercle donné.

Cette opération peut aussi servir à faire passer un arc de cercle ou un centre par trois points donnés et pris à volonté.

Par un point donné sur la circonférence d'un cercle, mener une tangente à ce cercle. — Fig. 21. Soit A le point donné (planche précédente).

Du point C, centre du cercle, et par le point A, faire passer une ligne droite indéfinie; prendre la grandeur de la portion de cette ligne qui se trouve comprise dans le cercle ou rayon C A et la reporter de A en B; des points C B comme centres et d'un rayon plus grand que celui du cercle, décrire deux arcs qui se coupent en M et O; en joignant les deux points par une ligne droite, on aura la tangente au cercle, passant par le point donné.

Un cercle étant donné ainsi qu'une ligne qui lui est tangente, trouver le point de contact. — Fig. 21. Du point C, centre du cercle, et d'une ouverture de compas plus grande qu'un rayon du cercle, décrire un arc de cercle qui, à la rencontre de la tangente, donne les points M, O; de ces points, et de la même ouverture de compas, décrire deux arcs de cercle qui donnent le point B; joindre ce point avec le point C par une ligne droite, qui détermine le point de contact au point A.

Toutes les figures étant d'une grande utilité dans la pratique du dessin au compas, j'engage fortement les personnes qui les étudieront, à les répéter, tant qu'elles ne les connaîtront pas parfaitement.

Pour diviser un cercle en quatre parties égales. — Il suffit de mener deux diamètres se coupant à angle droit, ils diviseront le cercle et sa circonférence en quatre parties parfaitement égales.

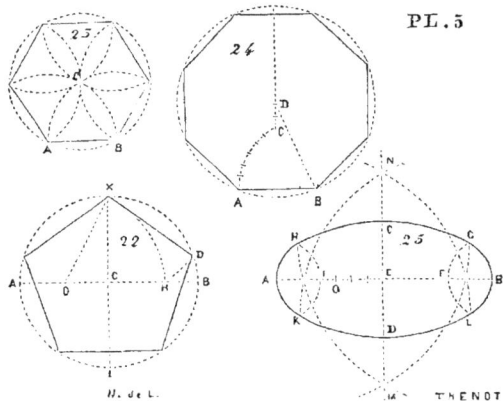

PL. 5

Pour diviser un cercle et sa circonférence en cinq parties égales. — Figure 22. Mener deux diamètres se coupant à angle droit, tels que A B, I X ; diviser le rayon C B en deux parties égales ; puis de son milieu O, et d'une ouverture de compas égale à O X, décrire un arc de cercle X H ; alors, de X comme centre, et d'un rayon égal à l'arc X H, décrire un nouvel arc H D, ce qui à la rencontre de la circonférence du cercle donne le point D : la portion X D de la circonférence du cercle donné en est juste la cinquième partie. Donc si l'on prend cette longeur X D et qu'on la reporte successivement sur la circonférence du cercle, elle la divisera en cinq, etc.

Remarque. Cette figure peut aussi servir à former un pentagone régulier (surface à cinq côtés égaux), dans un cercle donné.

AUTRE MANIÈRE PAR LE DÉCAGONE.

Inscrire un pentagone par l'inscription préalable du décagone. — Pour inscrire un décagone au cercle, on tire par le centre du cercle donné un diamètre horizontal, sur le milieu duquel on élève un rayon perpendiculaire. On prend la moitié de ce rayon, et on décrit du point milieu de ce rayon une petite circonférence qui devient tangente au diamètre du grand cercle, et en même temps, intérieurement à sa circonférence, on joint le centre du petit cercle avec l'une ou l'autre extrémité du diamètre du grand cercle, et si de cette extrémité, ouvrant le compas jusqu'au point de section de cette droite avec la petite circonférence, on trace un arc de cercle, il viendra couper la grande circonférence à un point qui, joint par une corde à l'extrémité du grand diamètre, sera le côté du décagone. On tracera ainsi le décagone, et pour obtenir le pentagone, on joindra de deux en deux les angles du décagone, ce qui réduira la figure à cinq côtés ou au pentagone.

On sait par le triangle équilatéral inscrire l'hexagone d'une manière analogue, c'est-à-dire par une opération inverse à ce qui précède ; on inscrit ce triangle au cercle, et on partage les arcs en deux pour les joindre par des cordes, ce qui double le nombre des côtés. Il suffit, du reste, comme on sait, de porter le rayon d'un cercle sur sa circonférence, pour avoir l'hexagone inscrit.

Construire un hexagone, un côté A B étant donné. — Fig. 23. Des points A, B, comme centre et d'un rayon égal à leur écartement, décrire deux arcs de cercle, ce qui donne le point C ; de ce point, comme centre et du même rayon, derrière un cercle ; le côté A B sera contenu six fois dans la circonférence de ce cercle.

Pour diviser la circonférence d'un cercle en six parties égales. — Fig. 23. Il faut retrouver le centre du cercle, puis mener un rayon ; ce rayon est juste la sixième partie de la circonférence.

Partager la droite *a* ou A B en moyenne et extrême raison, (c'est-à-dire en deux parties telles, que la plus grande soit moyenne proportionnelle entre la ligne entière et la plus petite partie).

On trouve le côté du pentagone. Tracé géométrique de l'opération : à l'extrémité de *a* ou A B, ligne donnée, élevez B C perpendiculaire à A B = A B ou à la moitié de A B ; du point *c* décrivez avec le rayon C B une demi-circonférence, prenez A F = A D, le point F donnera la solution.

Application. — Au décagone, le rayon A B d'un cercle étant donné, son plus grand segment A F est le côté du décagone inscrit ; on trouve celui du pentagone, en joignant de deux en deux les sommets du décagone.

La valeur du plus grand segment x sera donnée par l'équation :

$$x^2 = a(a - x), \text{ d'où l'on tire}$$
$$x = \frac{a}{2} + \sqrt{a^2 + \frac{a^2}{4}}$$

La première valeur seule convient au problème et donne la valeur de la droite A F.

Le côté de l'heptagone ou polygone de sept côtés inscrits est égal, à moins d'un millième près, à la moitié du côté d'un triangle équilatéral inscrit.

Pour inscrire l'heptagone, ou figure régulière de sept côtés, on partage le diamètre en sept parties égales ; sur ce diamètre, on construit un triangle équilatéral, et de son sommet on tire sur la base, qui est le diamètre du cercle donné, une ligne qu'on prolonge jusqu'à la rencontre de l'arc concave placé au-dessous du diamètre, en faisant passer ladite ligne par le deuxième point de division du diamètre divisé en sept, et le point où l'arc concave inférieur est rencontré par le prolongement de la ligne qui traverse le triangle équilatéral, est précisément la septième partie de la circonférence. En le joignant à l'extrémité du diamètre, on a le côté de l'heptagone qui est la corde de cet arc.

Autre méthode pour tracer l'heptagone inscrit au cercle. —
Décrivez une circonférence ; tirez un diamètre verticalement ; du bas de ce diamètre avec une ouverture de compas égale au rayon, tracez un arc de cercle dont vous joindrez les deux extrémités par une corde ; prenez la moitié de cette corde, elle sera le côté de l'heptagone inscrit.

Tracer sur une ligne droite donnée des polygones réguliers, depuis l'hexagone (six côtés) jusqu'au dodécagone. — Appelons *a* la ligne donnée ; traçons-la devant nous horizontalement ; ouvrons le compas à balustre d'un intervalle égal à sa longueur, et traçons à gauche, je suppose, et depuis l'extrémité gauche, un arc de cercle de 120 degrés que nous arrêtons sur l'arc symétrique que nous décririons de l'autre bout du côté droit de la ligne donnée comme centre.

Divisons cet arc de 120 degrés en six parties égales, que nous marquons sur cet arc par six points. Élevons sur le milieu de notre ligne donnée une verticale indéfinie qui se prolongera au-dessus de l'arc de cercle, et sur la partie supérieure de cette verticale, du point supérieur d'intersection de cet arc avec notre verticale, traçons comme centre une série de six cercles concentriques qui viendront couper la verticale en six points. Au premier point de rencontre du plus petit cercle avec la verticale, on placera la pointe sèche du compas jusqu'à la rencontre de l'une ou de l'autre des extrémités de la droite donnée, et on décrira une circonférence. Au second point au-dessus de celui-ci, on placera également le compas qu'on ouvrira jusqu'à la rencontre de l'une ou l'autre extrémité de la ligne donnée, et on décrira de même une autre circonférence du troisième point, du quatrième, du cinquième et du sixième ; on décrira également et successivement d'autres circonférences, en les faisant passer toutes par les deux extrémités de la ligne donnée. Il suffira alors de porter dans chacune de ces circonférences la longueur de la ligne droite proposée pour avoir depuis l'hexagone, le pentagone, l'heptagone, l'octogone, etc., etc. Jusqu'au dodécagone ou polygone de douze côtés, les circonférences seront toujours circonscrites à la ligne proposée, et leurs centres en seront exactement sur les points obtenus et marqués, comme précédemment, sur la perpendiculaire à la ligne donnée. La ligne donnée est le côté de l'hexagone qui sert de point de départ.

Diviser une circonférence en autant de parties égales qu'on voudra, par exemple, en cinq. — Tracez dans la circonférence proposée un diamètre horizontal, divisez-le en cinq parties égales, et marquez-en les points de divisions ; puis, comme si vous vou-

liez construire sur le diamètre un triangle équilatéral, tracez en
dehors du cercle le sommet de ce triangle par deux arcs de cercles
en croix d'un rayon égal à la longueur de ce diamètre, puis de ce
point extérieur, tirez à travers le cercle une ligne qui, passant par
le deuxième point de division du diamètre, viendra rencontrer la
partie intérieure concave du cercle placée au-dessous du diamètre:
ce point de rencontre joint à l'extrémité du diamètre donnera le
côté du polygone de cinq côtés, ou le cinquième de la circonférence. (Pl I, col. 4, fig. P.)

*Tracer une ligne droite dont la longueur égale celle d'une cir-
conférence donnée.* — Au-dessous de la circonférence donnée dans
laquelle on a préalablement tiré un diamètre vertical divisé en
huit parties égales, on tire une ligne horizontale indéfinie qui est
par conséquent perpendiculaire au diamètre du cercle ; on prolonge ce diamètre au-dessous du cercle, d'une quantité égale à
six divisions supérieures, et plaçant la pointe du compas sur la
sixième et l'ouvrant jusqu'à l'extrémité supérieure du diamètre,
on tracera un arc de cercle qui, en se terminant à droite et à gauche sur la ligne horizontale indéfinie, en fera une corde dont la
longueur sera précisément la même que celle de la circonférence
proposée.

*Faire passer une circonférence par trois points non en ligne
droite.* — Même opération que pour retrouver le centre d'un cercle donné.

*Evaluation des surfaces appelées aussi aires superficielles des
figures géométriques.* — On obtient la mesure de la surface d'un
carré parfait en multipliant la longueur d'un des côtés par la longueur de l'autre, ou, ce qui est la même chose, en multipliant le
côté par lui-même ou la base par sa hauteur dans un carré long.
 Tous les parallélogrammes ou losanges, etc., s'évaluent également en multipliant la base par la hauteur, c'est-à-dire par la
perpendiculaire élevée de la base vers le côté qui lui est opposé.
 Pour évaluer la superficie d'un triangle, on multiplie la base
par la hauteur, et on prend la moitié du produit, car un triangle

équivaut toujours à la moitié d'un parallélogramme de même base et même hauteur.

S'il s'agit d'évaluer la superficie d'un trapèze rectangle, scalène ou isocèle, on additionne les longueurs des deux côtés parallèles, on prend la moitié de la somme, et on la multiplie par la hauteur.

Un polygone régulier quelconque s'évalue en multipliant la somme des longueurs des côtés, ou le périmètre par la moitié de l'apothème, ou ligne abaissée du centre du polygone inscrit, sur e milieu d'un quelconque de ses côtés.

On peut toujours diviser un polygone irrégulier quelconque, par ses diagonales, en triangles, en trapèzes et en rectangles quelconques; on en peut toujours évaluer séparément les surfaces, la somme totale donnant celle du polygone. Toutes les opérations géodésiques ou d'arpentage se font sur le terrain d'après ce raisonnement, au moyen des instruments d'arpentage : le graphomètre, la planchette, le rapporteur, le niveau, la boussole, le carré géométrique, la chaîne, les piquets, etc.

Les géomètres, considérant le cercle comme un polygone d'un nombre infini de côtés, et formé d'une infinité de petits triangles isocèles égaux, ayant leurs bases égales sur la circonférence et formés d'une infinité de petits triangles isocèles égaux ayant leurs bases égales posées sur la circonférence, et l'angle opposé placé au centre de cette circonférence, on en évalue la superficie comme celle d'un polygone régulier ayant la circonférence avec laquelle les côtés se confondent pour *périmètre* (ou circuit), et le rayon pour hauteur (ou apothème); mais on l'obtient plus rapidement en multipliant le carré numérique du rayon par 3, 14 16, expression numérique du rapport du diamètre à la circonférence; on obtient la longueur de la circonférence en multipliant le nombre décimal 3, 14 16, par le diamètre; ou bien en multipliant le diamètre par 22 et en prenant le septième du produit (1).

(1) Le diamètre est à la circonférence comme 7 est à 22. On peut avec un cercle de carton, sur lequel on a marqué un point, et en le faisant rouler le long d'une ligne droite, en plaçant le point marqué au commencement de la ligne droite, obtenir la longueur de la circonférence, et trouver graphiquement combien le rayon y est contenu.

La surface d'un secteur se trouve en multipliant la longueur de l'arc par la moitié du rayon ; celle d'un segment en cherchant la surface du secteur construit sur l'arc de ce segment, puis en retranchant la surface du triangle qui a pour base la corde du segment.

Veut-on évaluer la superficie d'un anneau ou couronne comprise entre deux cercles concentriques, on cherche : 1° la surface du grand cercle, puis celle du petit ; la différence de ces deux surfaces est la superficie de la couronne.

La superficie de l'ellipse s'obtient en multipliant le grand axe par le petit axe, et multipliant ensuite le produit par 0, 7 8 5, ou le quart de 3, 14 16.

Ces évaluations ne sont jamais que des approximations, mais elles suffisent parfaitement dans la pratique.

Transformer graphiquement un polygone donné en un autre qui ait un côté de moins. Point proposé de transformer un hexagone régulier ou irrégulier en un polygone à cinq côtés. (Voyez pl. IV, fig. 1.) — On divisera d'abord le polygone par une diagonale tirée d'un angle à son plus voisin ; on prolongera le côté du polygone A B C D E vers G ; on tirera la diagonale B D ; on mènera C H parallèle à B D, et on joindra D H. Le polygone D H A F E aura un côté de moins et sera équivalent au premier des six côtés A B C D E F.

On peut, par une série d'opérations semblables, réduire un polygone d'un nombre quelconque de côtés à un autre plus simple, jusqu'à un triangle.

Si le polygone donné avait un angle rentrant comme l'angle C, on joindrait B D, puis tirant D F (fig. 2), on aurait le quadrilatère A F D E, équivalent à A B C D E.

Si on voulait transformer A B C, triangle, en un quadrilatère équivalent, on prendrait (fig. 3) sur un des côtés, par exemple : A B, un point D, on tirerait la diagonale D C, puis tirant par le sommet A du triangle une parallèle A E à D C, et joignant le point E avec D, puis avec C, on aura le quadrilatère B E D C, équivalent au triangle A B C.

Pour réduire un rectangle A B D F (fig. 4) en un carré équivaent, on prolonge A B vers C d'une longueur égale à BD, on décrit unedemi-circonférence sur A C; on élève B E perpendiculaire au diamètre, et cette ligne est le côté du carré cherché, ou une moyenne proportionnelle entre la base et la hauteur du rectangle. On a $AB : BE :: BE : BC$, donc $AB \times BC = BE \times BE$ ou BE^2. Si réciproquement on proposait de trouver un rectangle équivalent à un carré donné, et qu'on voulût que ce rectangle fût d'une hauteur BD, il faudrait trouver une troisième ligne proportionnelle aux deux lignes AB et BE.

Construire un octogone, un côté AB étant donné. — Fig. 24. Des points A, B, comme centre et d'un rayon égal à leur écartement, décrire deux arcs de cercle, ce qui donne le point C; diviser l'arc A C en six parties égales, prendre deux des divisions et les reporter à partir du point C sur une verticale élevée de ce point, ce qui donne les points I, D; alors il faut du point D comme centre et d'un rayon égal à D A, décrire un cercle; la ligne A B doit être contenue huit fois dans ce cercle.

Remarque. Si on avait décrit le cercle du point I, la ligne A B n'aurait été contenue que sept fois dans sa circonférence. Mais si au lieu de ne reporter que deux divisions sur la verticale, on en avait reporté trois, l'on aurait eu le centre d'un cercle dans lequel la ligne A B aurait été contenue neuf fois, etc. Si l'on avait reporté quatre divisions, on aurait eu le centre d'un cercle dans lequel la ligne A B aurait été contenue dix fois, etc., etc., ainsi de suite.

Je recommande particulièrement ce moyen qui est très-simple; mais aussi il faut observer qu'un grand soin dans l'opération peut seul faire obtenir un résultat exact.

Tracé et exécution en relief des solides de la géométrie.

Le cadre de cet ouvrage ne nous a pas permis d'entrer dans tous les développements qu'un traité plus scientifique de géométrie proprement dite aurait comportés. Nous avons indiqué surtout les méthodes et les opérations pratiques du dessin linéaire de la géométrie plane. Les artistes et les personnes qui n'ont pas le temps d'étudier à fond la géométrie pure, recherchent surtout les procédés graphiques dont l'application est la plus fréquente et la plus utile à leurs travaux. C'est pourquoi nous indiquerons encore ici en quelques lignes la manière d'exécuter en carton les principaux solides de la géométrie en relief, qui serviront particulièrement à développer le goût du dessin. Ces petits modèles, que tout le monde saura exécuter très-facilement, seront les initiateurs du dessin d'après nature, de la perspective et de la connaissance du clair-obscur, ou étude du jeu des ombres et de la lumière ; nous en conseillons très-particulièrement l'exécution. Pour y réussir on se procurera une ou plusieurs feuilles de carton blanc assez mince pour ne pas fatiguer la main lorsqu'il s'agira de le couper avec les ciseaux ou le canif. Une planche de gros carton servira pour mettre dessous et tailler au canif quand il sera nécessaire.

On commencera par tracer sur le carton, en appliquant les principes de dessin linéaire, les lignes et les systèmes de figures qui terminent les corps solides principaux.

La planche donne le tracé du développement des principaux solides et polyèdres les plus utiles. (Voir pl. II.)

Les cinq les plus réguliers sont les seuls composés de faces planes, régulières, égales et semblables dont tous les angles solides soient égaux, savoir :

1° La Pyramide triangulaire ou tétraèdre, polyèdre formé de quatre triangles équilatéraux et égaux ;

2° L'Hexaèdre ou cube compris sous six carrés égaux ;

3° L'Octaèdre formé de huit triangles égaux et équilatéraux ;

4° Le Dodécaèdre dont les faces sont douze pentagones égaux et équilatéraux.

5° L'Icosaèdre, composé de vingt triangles égaux et équilatéraux.

Les figures A A sont le tracé du développement de pyramides triangulaires droites.

B est une pyramide quadrangulaire droite.

B' est une pyramide quadrangulaire oblique.

C est un cône.

C' le développement d'un cône droit avec sa base.

D Développement d'un prisme droit triangulaire.

D' un prisme triangulaire oblique.

E Un prisme octogonal droit.

F F' un cylindre droit et son développement.

G Développement de pyramide droite à base octogone.

H Développement de pyramide oblique à base octogone.

M La moitié développée de l'Icosaèdre.

N N N Moitié du Dodécaèdre.

O P Q Surfaces courbes obtenues de surfaces circulaires roulées.

R Surface d'un cercle fendu selon son rayon et roulé en hélice.

S Deux demi-cylindres contigus formant un solide mixte.

T Volute.

U U' Angles plans, formés de surfaces planes diverses 1/4 de droit.

Evaluation de la superficie et du volume des solides. — La surface latérale ou des pans d'un prisme droit s'évalue en multipliant le périmètre ou contour de la base par la hauteur, comme si la succession de ces pans n'étaient qu'un seul parallélogramme. Le cube et le cylindre droit s'évaluent de même dans leur surface latérale. Si l'on voulait trouver la surface totale il suffirait d'ajouter à la surface latérale celle des bases du haut et du bas.

La surface latérale d'une pyramide régulière s'obtient en multipliant le contour de sa base par la demi-hauteur d'un des triangles des pans de côté.

Si la pyramide est irrégulière, on évaluera séparément ses côtés comme des triangles, et on réunira par l'addition tous les produits.

La superficie latérale d'un cône droit se trouve en multipliant la longueur de la circonférence par la moitié de la distance du sommet à cette circonférence, car le cône n'est qu'une pyramide d'un nombre infini de côtés. La surface latérale d'un cône oblique est équivalente à celle du cône droit, et il suffit de le supposer un cône droit de même base et même hauteur. La surface latérale de la pyramide tronquée et du cône tronqué s'évalue en multipliant la demi-somme de la longueur du périmètre des deux bases par la hauteur de l'axe. Pour obtenir la surface totale de ces solides, il suffit de joindre le produit qui représente la surface de la base pour chacun d'eux. On trouve géométriquement la superficie d'un polyèdre régulier, en évaluant la surface de l'une des faces qui l'enveloppe ou le termine, et en multipliant le produit par le nombre des faces.

La surface totale de la sphère s'évalue en multipliant la longueur de la circonférence d'un de ses grands cercles par son diamètre.

L'aire ou superficie de la calotte sphérique a pour mesure le produit de sa hauteur par la longueur de la circonférence d'un grand cercle de la sphère, celle d'une zône sphérique s'obtient comme celle d'une calotte en multipliant la circonférence d'un grand cercle de la même sphère par la perpendiculaire menée entre les deux plans qui la renferment. Les zônes et les calottes de même hauteur ont la même superficie.

Le secteur sphérique a pour surface celle de la calotte plus le demi-produit du rayon de la sphère, multiplié par la circonférence qui limite la calotte.

La surface totale d'une tranche sphérique s'obtient en ajoutant à la surface de la zône qui l'entoure celle des deux cercles formés par les plans de section.

Un fuseau sphérique a pour surface le produit de sa plus grande largeur par l'axe ou diamètre de la sphère.

Évaluation du volume des solides. — Multipliez la surface de la base par la hauteur, et vous aurez le volume d'un prisme quelconque, du cube et de tout parallélipipède droit ou oblique, ou multipliez l'une par l'autre la longueur, la largeur et l'épaisseur.

On évalue le volume du prisme tronqué, en multipliant la surface de la base par la moyenne de la hauteur des arêtes, c'est-à-dire additionnez la longueur des arêtes ou côtés, divisez la somme par le nombre des arêtes et multipliez la surface par le quotient.

Le volume du cylindre quelconque se trouve en multipliant la superficie de sa base par la hauteur; celui de la pyramide quelconque se trouve en multipliant la superficie de la base par le tiers de la hauteur.

Le volume d'un polyèdre régulier quelconque s'évalue en multipliant sa surface par le tiers du rayon considéré depuis son centre jusqu'au milieu d'une de ces faces. Pour obtenir celui du cône, multipliez la superficie de la base par 1/3 de la hauteur. Pour celui du cône ou d'une pyramide tronquée, multipliez la moitié de la somme de la surface des deux bases parallèles par la hauteur du tronc.

GÉOMÉTRIE.   6

La solidité d'une sphère s'obtient en multipliant la surface totale par le 1/3 du rayon.

Le volume d'un secteur sphérique (solide ayant la forme d'un cône à base convexe, son sommet est au centre de la sphère et sa base est une calotte sphérique), s'obtient en multipliant la surface de la calotte qui lui sert de base par 1/3 du rayon.

Le volume d'un segment sphérique ou segment extrême (portion d'espace comprise entre un plan qui coupe la sphère et la surface sphérique), s'évalue par le produit de l'aire du plan circulaire de section, qui aurait pour rayon la hauteur de ce segment par le rayon de la sphère diminué du 1/3 de cette hauteur.

Le volume d'une tranche sphérique s'obtient en multipliant la moitié de la somme de ses bases par sa hauteur et en y ajoutant le volume d'une sphère qui aurait sa hauteur pour diamètre.

Le volume d'un onglet sphérique se trouve en multipliant la surface du fuseau qui en est la base par 1/3 de son rayon.

La capacité ou jaugeage d'un tonneau s'obtient en multipliant la longueur intérieure du tonneau par la surface du cercle dont le diamètre serait celui du bouge diminué du 1/3 de la différence qui existe entre ce diamètre et celui du fond.

On peut considérer le tonneau comme un solide composé de deux troncs de cônes droits, égaux, un peu renflés dans leur surface latérale, et posés symétriquement ou renversés l'un par rapport à l'autre, et qui auraient pour grande base commune la superficie du grand cercle de la partie la plus grosse du tonneau, et pour bases supérieures et inférieures les cercles du haut et du bas du tonneau, et pour hauteur de chaque tronc la moitié de la hauteur totale du tonneau.

Méthode d'exécuter un globe X en relief avec le carton (Planche II, fig. X et Y). — On trace d'abord le parallélogramme E F G H dont le grand côté E F soit double du petit E H; puis on divise E H et F G en deux parties égales au point I et K pour tirer I K, que l'on partage ensuite en 12, et on le prolonge de chaque côté à droite et à gauche.

Cela fait, on prend au compas 9 des 12 parties I K; plaçant alors le crayon du compas sur la 9e division, et la pointe sur le prolongement de K I ; on trace un arc de cercle jusqu'à la rencontre de E F et de H et G. Plaçant ensuite le crayon du compas en 8 et la pointe vers K de K I prolongé, on trace un arc semblable en sens inverse. On continue à tracer de la même ouverture de compas, une série d'arcs égaux, qui en se croisant forment la succession des côtes, qu'on n'a plus qu'à découper ensuite, et à coudre ou coller ensemble en les rapprochant en haut et en bas pour former le globe.

Si l'on voulait faire un globe allongé, il suffirait de faire les côtes plus allongées ou moins nombreuses.

Projection de la Sphère.

MAPPEMONDE.

La projection ou figuration plane de la sphère est exprimée par deux plans circulaires, dont l'un, *oriental*, représente l'Europe, l'Asie et l'Afrique ; l'autre, *occidental*, renferme les deux Amériques. C'est la réunion de ces deux plans que l'on nomme *mappemonde*.

Nous ne prétendons pas, en traitant ce paragraphe, entrer dans tous les détails de la confection des cartes géographiques ; ce genre de travail nous entraînerait en dehors des limites que nous impose la nature de cet ouvrage ; nous ne ferons qu'enseigner le tracé des différentes lignes de la sphère, dont l'ensemble forme en quelque sorte le canevas de toutes les cartes.

Une courte description suffira pour fixer les idées sur le caractère de ces lignes.

L'*équateur* est un grand cercle perpendiculaire à l'axe de la terre ; il partage le globe en deux parties égales appelées *hémisphères*. On désigne les parallèles à l'équateur par 0, 1, 2, 3,..... 70o de *latitude*, depuis l'équateur jusqu'au pôle boréal d'une part, et jusqu'au pôle austral de l'autre.

Les *longitudes* sont toutes perpendiculaires à l'équateur, et se désignent par 0, 1, 2, 3,,... 180o, en partant de 0, *méridien de Paris*. On les distingue en longitudes *orientales* à sa droite, et en longitudes *occidentales* à sa gauche. Il résulte de cette disposition que lorsqu'on se trouve à 180o degrés de longitude, on est sur le méridien de Paris.

On sait que la circonférence de la terre, mesurée sur un méridien, est de 40 millions de mètres, 9,800 lieues environ. Les divisions de cette circonférence se nomment *minutes, secondes,* etc. géographiques. Voici l'indication de leurs mesures linéaires:

1 degré $\quad = 100{,}000$ mètres ou 25 lieues.

1 minute $= \frac{1}{21600}$ de degré ou 1666m 66 cent.

1 seconde $= \frac{1}{3600}$ de *idem* ou $\quad$ 27m 78 cent.

1 tierce $\quad = \frac{1}{0}$ de *id.* ou $\qquad$ 4m 63 cent.

FIGURE 1, TRACÉ DES MÉRIDIENS OU LONGITUDES.

Il faut supposer, dans les deux tracés qui suivent, que le point de vue est placé au-dessus de l'équateur, la sphère étant droite, et un méridien quelconque étant pris pour l'horizon.

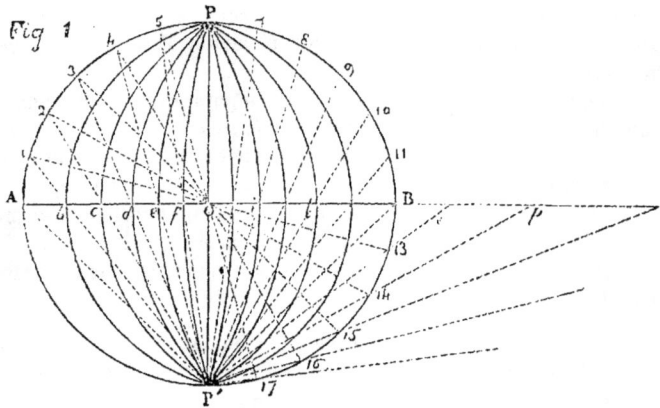

Soient A B la projection de l'équateur, P P' l'axe de la terre, et O le centre du grand cercle qui limite le plan. Toutes les projections des méridiens devant passer par les pôles PP', il en résulte que leurs centres seront situés sur le diamètre A B et sur son prolongement.

Pour les trouver, divisez l'arc A P en un certain nombre de

parties égales, six par exemple ; menez de chacune de ces divisions des diamètres 1,0,13 ; — 2,0,14 ; — 3,0,15....... Menez du point P', par chacune des extrêmités de ces diamètres, des droites allant se terminer d'une part au prolongement de A B, et joignez par des droites les points de division 1, 2, 3...9, 10, 11, au même point P'. Ces lignes détermineront, par leurs intersections ...*c*, *c*, *i*, *l*, B, *p*... (en laissant alternativement dehors une division) avec le diamètre A B et son prolongement, les centres des arcs.

Le centre du méridien P*b*P' est situé sur le rayon O B au point *i*, celui de P*c*P' se trouve sur le même rayon au point *l*, celui de P*d*P' est à l'extrémité B du rayon ; les autres centres sont situés sur le prolongement de O B.

Si l'on observe la même réserve relativement aux autres points d'intersection, on obtiendra, en raison de la symétrie de la figure, la projection des divers méridiens.

FIGURE 2, TRACÉ DES PARALLÈLES OU LONGITUDES.

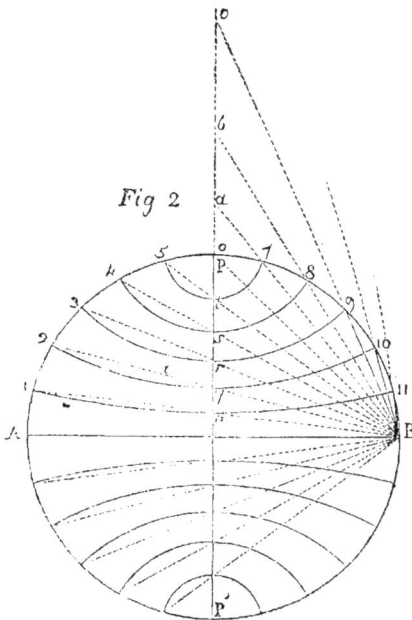

Fig 2

Toutes les latitudes étant supposées parallèles entre elles sur le plan et perpendiculaires à l'axe PP', leurs centres se trouveront sur le prolongement de l'axe.

En conséquence, après avoir tracé comme précédemment les deux diamètres A B, P P', on divisera de même chacun des arcs A P, B P du grand cercle en un nombre égal de parties. On déter-

— 86 —

minera le centre de la parallèle 5, 7 de la manière suivante :

Menez du point B les droites B5, B7 ; la première coupera l'axe au point *t*, et la seconde déterminera un point *a* sur son prolongement ; *ta* sera le diamètre de la première parallèle, c'est-à-dire que son milieu O décrira la courbe qui représente la latitude 5*t*7, prise ici pour celle de 75ọ.

On mènera pareillement à tous les autres points de division des droites B4, B8, prolongées B3, B9.. dont les intersections avec l'axe PP' et son prolongement détermineront les diamètres *sb* de la parallèle 4*s*8, *rc* de celle 3*r*9, etc., en suivant la même règle pour toutes les autres parallèles.

Les méridiens et les parallèles étant réunis sur un même plan, *fig.* 3, on aura le principal tracé d'une carte. Après y avoir figuré les contrées, les cours des fleuves, les grandes chaînes de montagnes, etc., il ne restera plus, en effet, qu'à chercher dans des tables géographiques la longitude et la latitude des différents lieux, et à placer ces lieux sur les degrés correspondants.

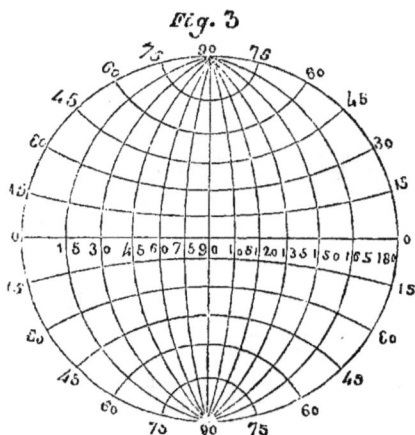

Fig. 3

Les autres cartes ne sont, à bien dire, que des fragments de ce premier tracé, où se trouvent représentés sur une plus grande échelle les points qu'on n'a pu indiquer sur celui-ci.

En fait de cartes, il faut considérer les cartes *universelles*, qui représentent toute la surface du globe, ou les hémisphères ; ce sont celles que l'on appelle communément mappemondes.

Les cartes *particulières*, qui représentent quelques pays particuliers ou quelque portion de pays.

Les cartes *topographiques*, qui comprennent les moindres détails d'un terrain, les productions du sol, etc. On les appelle aussi *cartes militaires*, car on y trouve exprimés les objets qu'il est essentiel de connaître pour former et exécuter un projet de campagne.

On nomme cartes *hydrographiques* ou *marines* celles qui ne représentent que la mer, ses îles, ses récifs, ses côtes, pour l'usage des navigateurs.

Cet article nous a été fourni par M. H. Ferry de Neuville; il fait partie du complément annexé à l'ouvrage que ce professeur doit publier incessamment sous le titre de *Géométrie Méthodique simplifiée.*

Différents genres de copie.

Le dessin à vue d'œil consiste à copier ce que la nature présente ou un modèle donné exactement de la même grandeur. — *Copie exacte.*

Ou en plus petit, *copie réduite* ou *réduction.*

Ou en plus grand, *copie augmentée* ou *multipliée.*

On peut copier aussi en allongeant ou en racourcissant, — et on peut copier en altérant certaines parties du modèle (c'est *l'imitation*). En exagérant certaines formes ou les chargeant (caricature, du mot italien caricatura, charge).

On copie aussi en renversant de droite ce qui est à gauche et de gauche ce qui est à droite.

Les sculpteurs copient aussi comme les peintres; de plus, ils imitent la nature par le relief exact; ils réduisent un modèle ou l'augmentent par le procédé de la mise aux points. (Voir le Traité de modelage et de sculpture.)

Les moyens mathématiques et mécaniques employés dans les arts pour copier sont : le compas de proportion et de réduction, pour les cartes et plans en général; le pantographe, récemment mis à la portée de toutes les bourses, par M. Van Blotaque; le diagraphe ou pantographe Gavard, qui a servi à réduire les tableaux de la galerie de Versailles; la chambre claire pour copier des vues en perspective ; le daguerréotype ou la chambre obscure des photographes.

On peut copier sans aucune notion d'art ou de dessin un trait de gravure au moyen bien connu du papier transparent, qu'on pose par dessus le modèle, en suivant avec un crayon tous ses contours.

C'est ce qu'on appelle décalquer. On emploie pour cela le papier végétal, sur lequel on peut tracer au crayon ou à la plume, ou tout autre papier transparent quelconque.

LE DESSIN SANS MAITRE

d'après nature.

L'idée de décalquer l'image des objets vus à travers la vitre est des plus anciennes. Léonard de Vinci fait précéder ses considérations sur la perspective par le procédé du décalquage des objets placés derrière une vitre, et dont on suit les contours à la main avec une plume et de l'encre dont il indique la composition. Le point essentiel est de fixer l'œil dans une position fixe et invariable pour guider la main. Abraham Bosse, graveur célèbre, qui vivait sous Louis XIII et qui a laissé des ouvrages estimés sur la perspective et les arts du dessin, répète la même expérience du décalque d'après nature.

Le lecteur en prendra une idée très-précise à l'inspection de l'appareil dessiné, planche III, en bas et en dessous du carré B des moulures architecturales.

La figure réprésentée au-dessous des principales moulures fait comprendre l'usage du châssis ou de la gaze transparente , utilement introduite par Mme Cavé pour le dessin d'après nature. Le châssis dont elle se sert est garni d'une gaze très-fine qui permet de voir tous les objets placés derrière et de les décalquer au fusain ; comme l'élasticité de la gaze dévie toujours un peu le tracé par le seul poids de la main, j'ai trouvé avantageux de fixer derrière la gaze une vitre qui sert d'appui à la gaze même, et qui permet de dessiner comme sur la surface résistante de la vitre sans aucun tremblottage.

Pour réussir à décalquer ainsi d'après nature, il est indispensable de placer l'œil dans un oculaire solidement fixe comme on le voit sur le dessin. On s'exercera utilement à tracer en perspective au moyen du châssis, et avec du fusain les solides géométriques, exécutés en carton de différentes grandeurs; on en transportera le contour sur du papier après l'avoir relevé sur la gaze avec du papier végétal, et on cherchera ensuite à leur donner le relief en les ombrant à l'estompe ou à la sepia ou bien à l'encre de Chine avec le plus grand soin.

On se sert aussi pour copier des treillis planche I V fig. 5, 5' Supposons que A B C D est un treillis tracé sur un modèle à reproduire au double, BE et BF hypothénuses des triangles isocèles BAE, BCF seront les côtés du triangle de reproduction.

Le côté d'un polygone étant donné A B fig. 6, trouver le côté homologue d'un polygone double en superficie. Décrivez avec le rayon A B un arc sur lequel vous portez 2 fois A B et joignez A C, côté demandé.

Autre procédé. Construisez un angle droit B A C dont A B, A C soient égaux au côté donné; l'hypothénuse sera le côté homologue cherché.

Si l'on veut le côté d'un polygone triple, on portera l'hypothénuse BC de A en D, et BD sera le côté d'un polygone triple en superficie.

La figure 8 fait comprendre à la seule inspection que le carré qui a A D pour diagonale ou A F D E, est moitié d'A B C D.

La figure 9 montre que la superficie du petit triangle équilatéral A D E est le tiers du grand A B C.

Tels sont les principaux principes d'après lesquels sont basées les méthodes de réductions superficielles

L'Échelle décimale de proportion.

Après avoir fixé d'abord l'unité qu'on prend pour mesure, on mène 11 parallèles AB équidistantes d'une mesure que je suppose de 5 millimètres. On porte sur une de ces droites depuis A les distances A C, C D, D B, — à l'unité (supposée 60 millimètres), à chacun des points A, C, D, B, on élève des perpendiculaires aux droites A, B.

On divise ensuite la distance A C en 10 par des perpendiculaires sur chaque point de division, et on tire du pied de chacune une oblique à la perpendiculaire suivante.

L'unité A C représentant, je suppose, un mètre, chacune de ses divisions sera un décimètre, les obliques diviseront en parties proportionnelles les segments de parallèles, de sorte qu'on aura sur ces segments des portions de lignes de 1 à 9 centimètres.

Notions élémentaires de perspective.

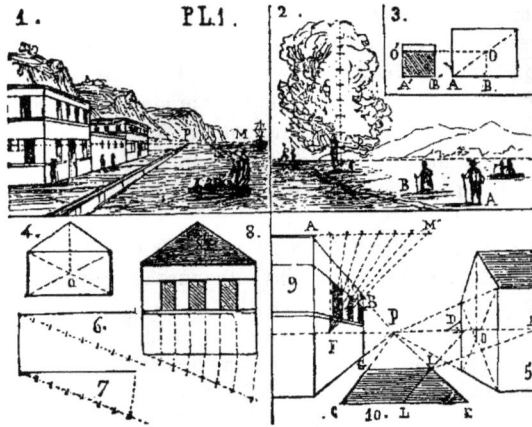

DE L'HORIZON.

La perspective a pour but de représenter sur une surface la forme, le contour et le relief, en un mot, le portrait le plus exact des objets, tels qu'ils nous apparaissent.

Lorsque l'on dessine d'après nature ou que l'on veut composer, on doit avant tout s'occuper de l'*horizon*, qui est la ligne qui sépare le ciel d'avec la mer. L'horizon est toujours situé à la hauteur de l'œil du dessinateur, quelque élevé qu'il puisse être, fig. 1; quand on aperçoit le véritable horizon comme en M, on le désigne sous le nom d'*horizon visuel;* mais quand il n'est que supposé, de même qu'en H, c'est l'*horizon rationnel.* Cet horizon factice doit être juste à la place où se trouverait le véritable.

L'horizon sert à déterminer la hauteur des différents objets suivant les divers plans. Exemple de l'horizon placé à cinq pieds d'élévation, puis à d'autres élévations.

Fig. 2. Je suppose avoir établi l'horizon le plus exactement possible, et avoir déterminé à l'œil ou avoir placé à volonté une figure humaine au point A : la première remarque à faire est que la tête de cette figure touche juste à l'horizon ; le terrain perspectif, celui sur lequel elle pose, est dans une direction parfaitement horizontale dans toute son étendue ; il faut alors que les têtes de toutes les figures qui entreront dans la composition touchent toutes à l'horizon. Ainsi pour déterminer la grandeur apparente d'une figure placée au point B, il suffit d'élever de ce point une verticale jusqu'à l'horizon, et on aura la hauteur totale de cette figure : on obtient de même la hauteur de toutes les autres. Je suppose toujours que les figures humaines sont toutes de la même grandeur réelle, cinq pieds ; alors elles me servent à déterminer la grandeur apparente de tous les autres objets. Par exemple, je veux élever un arbre d'un point pris à volonté, et déterminer à ce arbre cinquante pieds ; de ce point j'élève une verticale indéfinie ; la grandeur qui est comprise entre le point pris à volonté et l'horizon est la grandeur d'une figure humaine, c'est-à-dire de cinq pieds : reportons cette grandeur neuf fois sur la verticale à partir de l'horizon, j'obtiens cinquante pieds. Agir de même pour tous les autres objets. Il à remarquer que les largeurs s'obtiennent absolument de même que les hauteurs ; seulement il n'est pas dit que la tête de la première figure donnée se trouvera juste à la hauteur de l'horizon ; souvent elle dépasse l'horizon, d'autres fois elle se trouve au-dessous. Dans l'un ou l'autre de ces cas, voici le raisonnement qu'il faut faire : si la première figure dépasse l'horizon, de combien dépasse-t-elle, de deux pieds? je suppose donc que l'horizon est à trois pieds et coupe à cette hauteur tous les objets. Si l'horizon est plus élevé que la figure, par exemple, qu'il y ait deux pieds entre l'horizon et la tête de la première figure donnée, l'horizon est à sept pieds, etc., etc., etc.

L'horizon doit toujours être à la hauteur de l'œil, quoique l'on soit très-élevé, attendu que la terre étant ronde, l'horizon suit l'œil et monte avec lui ; seulement plus le dessinateur sera élevé, plus l'espace qu'il découvrira sera grand.

La ligne d'horizon doit toujours se rendre par une ligne droite.

Principe. Le *terrain perspectif* est l'espace compris depuis la base du tableau jusqu'à l'horizon.

Pour déterminer dans un tableau, à un plan éloigné, une plaine plus abaissée que le premier plan, cela s'obtient en faisant les figures et les objets beaucoup plus petits. Ainsi je suppose au premier plan la figure donnée touchant à l'horizon, dans la plaine la figure donnée deux fois sa grandeur apparente entre elle et l'horizon ; donc, pour cette dernière, l'hosizon est àquinze pieds, tandis qu'il ne l'est qu'à cinq pour la figure du premier plan ; donc la plaine est dix dieds plus bas que le premier plan, etc., etc., etc.

Principe. Quand les objets horizontaux sont placés au-dessous de l'horizon, on en doit voir le dessus, et conséquemment, s'ils sont placés au-dessus, en en verre le dessous.

DES LIGNES PARALLÈLES FUYANTES, ET DU POINT DE FUITE PRINCIPAL.

Toues les lignes parallèles à la ligne d'horizon s'appellent *lignes horizontales* ; on désigne sous le nom de *lignes parallèles fuyantes* toutes celles qui, étant prolongées, vont se réunir à un point quelconque de l'horizon. Les lignes fuyantes, placées au-dessous de l'horizon, paraissent monter ; celles qui semblent au-dessous semblent descendre. Le point où ces lignes se réunissent se nomme point de fuite ; parmi ces points de fuite on distingue le *point de fuite principal*, qui est toujours sur l'horizon, en face de l'œil du dessinateur ou du spectateur, fig. 1. Ce point, que je désigne par un P, sert de point de fuite à toutes les lignes fuyantes qui font angle droit avec les lignes horizontales ; donc, quand un angle perspectif est le résultat d'une ligne horizontale et d'une qui tend au point P, quelle que soit l'ouverture apparente que nous offre cet angle, c'est un angle droit. Or, en perspective, l'angle droit apparaît tantôt sous la forme d'un angle aigu, tantôt d'un angle obtus ; cela dépend de sa position et de son éloignement de l'œil.

Pour déterminer la surface d'un petit tableau en rapport avec celle d'un grand donnée. — Fig. 3. Soit donné le grand tableau et le petit : il faut mener la diagonale du grand et reporter la largeur du petit sur le grand, de A en B ; de B élever une verticale ; à sa rencontre avec la diagonale, elle détermine O ; la grandeur B O est la hauteur exacte du petit tableau.

Fig. 4 et 5. *Pour obtenir le milieu d'un carré ou d'un rectangle,* il faut mener ses diagonales ; si alors de leur rencontre O, qui est le milieu, on élève une verticale, elle servira à déterminer le sommet d'un toit en fronton.

Pour mener des parallèles et pour élever des perpendiculaires. — Pour mener des parallèles à une ligne donnée, on place un des côtés de l'équerre tout près et touchant pour ainsi dire à la ligne donnée, puis on place une règle touchant un des autres côtés de l'équerre ; alors tenant la règle immobile et faisant glisser l'équerre de manière qu'elle ne quitte jamais la règle, on peut par ce moyen mener autant de parallèles que l'on voudra. Si on voulait élever des perpendiculaires, il faudrait opérer différemment, c'est-à-dire que la règle devrait être placée la première afin de faire glisser l'équerre sur l'un de ses côtés.

Pour diviser une ligne en un nombre quelconque de parties égales. — D'abord, pour *diviser une ligne de face* ou vue géométralement, il faut, fig. 6, mener une ligne droite faisant un angle quelconque avec la ligne donnée ; reporter sur la ligne d'opération autant de grandeurs égales que l'on veut obtenir de divisions de la ligne donnée, par exemple, sept. Je ferai remarquer que la première de ces grandeurs a été prise à volonté et que toutes les autres lui sont égales. Je continue, fig. 7 : joindre la dernière division avec le point extrême de la ligne donnée, et mener, au moyen d'une règle et d'une équerre, fig. 8, de tous les autres points de divisions des lignes parallèles à la dernière tracée ; ces lignes diviseront la ligne donnée en parties égales.

Fig. 6. Pour *diviser en parties égales une ligne fuyante* tendant à un point quelconque de l'horizon, il faut du point A mener une horizontale indéfinie, reporter sur cette ligne sept grandeurs égales, puis joindre la dernière division M avec B, extrémité de la ligne donnée, prolonger la ligne M B jusqu'à l'horizon, et on obtient un point de fuite F, auquel il faut mener des lignes droites de tous les points de division de la ligne A M, ce qui divisera la ligne donnée A B en sept parties égales. Il faut remarquer que les lignes qui des points de la division de la ligne A M vont tendre au point de fuite F, sont des parallèles fuyantes.

Autre remarque. Si l'on désirait obtenir des fenêtres sur les édifices, fig. 8 et 9, après les avoir divisées, on éleverait des points de divisions, des perpendiculaires, etc. Il faut toujours que le nombre des divisions soit égal au double des fenêtres, plus une division.

DE LA DISTANCE.

Lorsqu'une personne regarde un objet quelconque, un solide, par exemple, l'écartement qui existe entre son œil et le solide est ce qui s'appelle *la distance*, et le *point de distance* est dans son œil; c'est le point de station. La première observation à faire pour représenter un solide est d'être placé de manière à pouvoir apercevoir toutes les extrémités du solide d'une seule œillade; mais cet écartement peut être plus ou moins considérable, suivant que la personne a l'ouverture de l'angle visuel plus ou moins ouvert. Léonard de Vinci détermine la distance égale à trois fois la plus grande dimension de l'objet; Le Poussin pensait qu'on pouvait voir et dessiner un objet en ne s'en éloignant que de deux fois la largeur de sa plus grande dimension. Il résulte de ces divers avis que dans les tableaux des grands artistes la distance varie à l'infini, et que c'est sottise que de lui désigner une grandeur invariable.

Comme on ne peut opérer sur un tableau avec le point de distance en avant, on a imaginé de reporter ce point sur l'horizon, à droite et à gauche du point de fuite principal, et également espacé de ce point; la distance reportée sur le tableau doit être parfaitement égale à la distance réelle; je la désigne par D. Lorsque l'on compose, on détermine à volonté la grandeur de la profondeur, et on cherche quelle est la distance sous laquelle est vu cet objet.

Pour mettre un carré en perspective. — Il y a deux moyens :
le premier est de mener la ligne horizontale E C, et des points
E C, tracer des lignes fuyantes allant concourir au point P, et de
déterminer la longueur de ces lignes par une horizontale I G que
l'on détermine à volonté ; donc, par ce moyen, on détermine la
profondeur du carré à sa volonté ; c'est le moyen que les peintres
emploient toutes les fois qu'ils composent. Si, d'après ce carré,
on veut obtenir la distance, il est facile ; il suffit de mener la diagonale C I et de la prolonger jusqu'à l'horizon en D. Si ce point
de distance D ne se trouvait pas dans le tableau et qu'il fut impossible de prolonger le champ du tableau, il faudrait de L, milieu de
E C, et par l'angle I faire passer une ligne jusqu'à l'horizon ; elle
déterminerait la moitié de la distance que je marque par D[2. —
Dans le second cas, la distance est déterminée ; on obtient la profondeur du carré en menant de C une ligne en D, ce qui détermine le point I : ce point s'obtiendrait de même en menant de L
une ligne à la D[2.

Le parquet de la planche III, fig. 15, s'obtient par la demi-dis-
tance ; on ajoute ensuite la diagonale C I, qui détermine, à son
intersection avec les lignes fuyantes, toutes les lignes horizontales.

DES TOITS OU PLANS INCLINÉS.

PL. 2

Fig. 11. Ce
toit est formé
de deux li-
gnes qui vont
tendre au
point P, et de
deux autres
inclinées plus
ou moins,
mais parallè-
les géométri-
ques. Dans
les fig. 12 et
13, les lignes
fuyantes qui

limitent les toits vont concourir à un point au-dessus de l'horizon, que je désigne par point *sur-horizontal*. Ce point doit être verticalement au-dessus du point de fuite de la fabrique. Les toits des fabriques 12 et 13, n'ayant pas la même inclinaison, ont chacun leur point de fuite P' et P''.

DES POINTS ACCIDENTELS.

Les *points accidentels* sont des points de concours où vont aboutir des lignes parallèles fuyantes. Lorsque le point de fuite principal et le point de distance sont déterminés, les points accidentels peuvent être placés à tous les autres endroits de la surface du tableau; aussi, il peut exister dans une composition une très-grande quantité de point accidentels. La fig. 14 est un édifice placé accidentellement, attendu que son point de fuite F n'est ni le point P ni le point D.

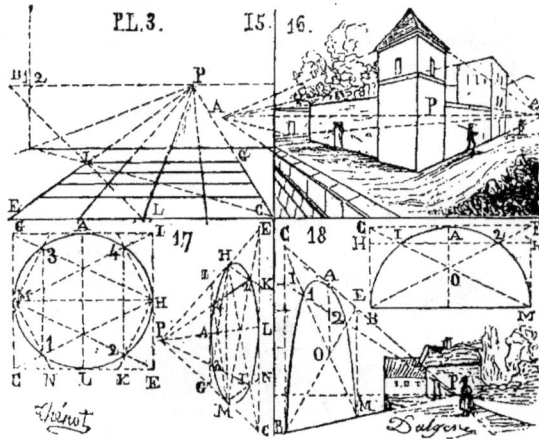

Fig. 16. Quand la face d'un édifice rectangulaire va concourir à un point accidentel que je désigne par A', l'autre face va concourir à un autre point accidentel A ; plus l'un de ses points est près le point P, plus l'autre s'en éloigne.

Des cerclos et des demi-cercles.

Fig. 17. *Pour mettre un cercle en perspective,* il faut déterminer un carré E C G I, puis le diviser en quatre, ce qui donne les points L M A H, diviser E C en quatre, ce qui donne K N; alors mener les diagonales E M, C H, H G, M I; la rencontre des deux premiers avec les lignes N M, K H, détermine les points 1, 2, desquels menant au P, on obtient les points 3, 4; faire passer, à la main, la circonférence du cercle par les points 1 L 2, H 4, A 3, M I, etc. Pour se rendre compte, consulter le *Géométral,* de même que pour la figure qui suit.

Fig. 18. *Pour mettre un demi cercle en perspective,* il faut former un rectangle B C F M, qui est le produit de deux carrés réunis à la suite l'un de l'autre, mener les diagonales; elles déterminent le centre O, duquel élevant une verticale, on obtient le point A; de H, cinquième partie de la hauteur du demi-cercle, ou, ce qui revient au même, de la hauteur de B C, mener une ligne au P, elle détermine à sa rencontre avec les diagonales les points 1, 2; faire passer la circonférence du demi-cercle par les points B 4 A 2 M, etc.

Les courbes perspectives, ou vues en fuite, devant toujours être décrites à la main, sans le secours d'aucun instrument, demandent beaucoup de soins; c'est à l'examen de la précision de leurs formes apparentes que l'on peut juger de l'habileté du dessinateur, s'il a le sentiment des raccourcis, sentiment, du reste, qui s'acquiert par l'habitude jointe à la réflexion.

DE LA PERSPECTIVE DES CLAIRS ET DES OMBRES.

On désigne sous le nom de *corps lumineux* celui qui envoie directement la lumière à notre œil, comme le soleil, la lune, une flamme, etc. On appelle *ombre,* tout ce qui est privé de lumière, ou la différence d'un objet éclairé à celui qui ne l'est pas; il y a deux espèces d'ombres: 1° la partie d'un corps qui n'est pas éclairée; 2° l'ombre que projette un corps sur une surface quelconque; cette dernière s'appelle *ombre portée.*

La lumière se propage toujours en ligne droite; les rayons du soleil et de la lune sont considérés comme parallèles entre eux, à cause de la distance immense de ces astres à la terre. Le soleil et la lune peuvent être placés de trois manières différentes par rapport aux objets et au spectateur.

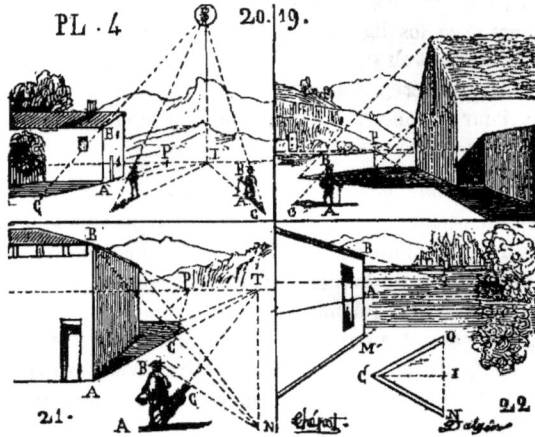

Premier cas, fig. 19. Le soleil se trouve dans le plan du tableau prolongé à l'infini; les rayons lumineux sont parallèles à la surface du tableau; ils se trouvent parallèles géométriquement; ils sont plus ou moins inclinés suivant la hauteur de l'astre. Ainsi, après avoir mené des horizontales de la base de toutes les lignes verticales dont on veut obtenir l'ombre portée, on mène de l'extrémité supérieure de toutes ces lignes des parallèles. Souvent on commence par déterminer l'ombre portée par une figure humaine, telle que A C, puis on joint le point C avec B, sommet de la figure, et on obtient le rayon lumineux qui sert à déterminer toutes les autres ombres portées.

Second cas, fig. 20. Le soleil ou la lune se trouvent au delà du tableau, plus ou moins directement devant le spectateur, ou derrière les objets; alors les rayons sont parallèles fuyants, et le centre de l'astre est leur point de concours. Donc, pour obtenir l'ombre portée par une figure humaine ou par une ligne B A, il faut du foyer de la lumière abaisser une verticale sur l'horizon, ce qui déterminé un point T ; de ce point et par A faire passer une ligne jusqu'à la rencontre d'une autre ligne menée de S et par B, ce qui détermine C ; A C est l'ombre portée, etc.

Troisième cas, fig. 21. L'astre est en deçà du tableau, plus ou moins directement derrière le spectateur, ou en avant des objets. Comme dans le cas précédent, les rayons sont parallèles, fuyants ; leur point de fuite est devant le spectateur, autant au-dessous de l'horizon que le soleil ou la lune se trouvent au-dessus. Il faut du point de fuite des rayons lumineux, point que l'on a placé à volonté, ou bien que l'on a obtenu par une ombre portée déterminée, il faut, dis-je, de ce point élever une verticale jusqu'à l'horizon ; ce qui donne T ; alors pour obtenir l'ombre portée d'une figure ou bien d'une ligne B A, du point T mener une ligne au point A, et de B une ligne en N, que l'on nomme *Nadir* ; la rencontre de ces deux lignes donne C ; A C est l'ombre portée, etc., etc.

Vigueur des ombres et des reflets. — Plus une surface est éclairée, plus les ombres qui seront portées sur cette surface seront vigoureuses.

L'ombre étant la différence d'un corps éclairé à celui qui ne l'est pas, il résulte que si la partie de la surface qui est autour de l'ombre portée est très-vivement éclairée, il y a une plus grande différence entre la partie éclairée et l'ombre, portée ce qui la fera paraître plus vigonreuse ; l'ombre portée est d'autant plus prononcée que le corps qui la produit en est plus près. Lorsque la lumière arrive sur un corps, elle est renvoyée aux objets qui l'environnent ; alors les objets sont dits *éclairés par reflet*.

Plus un corps sera brillant, plus la lumière qu'il renvoie sera brillante. Le reflet est aussi d'autant plus prononcé qu'il est plus près du corps duquel il jaillit.

DE LA RÉPÉTITION OU MIRAGE DES OBJETS SUR LES EAUX CALMES.

La répétition est toujours égale à l'objet qui l'a pu produire : les objets, en se réfléchissant, paraissent en sens contraire; la réflexion d'une ligne fuyante va tendre au même point que la ligne qu'elle réfléchit.

Fig. 22. Ainsi, pour *déterminer la réflexion d'une ligne droite*. A B, qui est perpendiculaire à la surface de l'eau, il faut la prolonger et déterminer A M exactement de la même longueur que A B. Si la ligne était inclinée tel que C O, de C on mènerait une horizontale C I; puis réfléchissant I O, on obtiendrait le point N, etc., etc. C'est par la continuelle observation de ces principes que, dans la peinture, on peut arriver à un résultat satisfaisant, attendu que dans cette condition seule l'artiste sait ce qu'il fait, et pourquoi il le fait.

IDÉE SOMMAIRE GÉNÉRALE DE LA COUPE DES PIERRES

Les personnes peu accoutumées aux études géométriques se rendront assez facilement compte des principaux caractères que les règles de la coupe des pierres ont imprimés à l'architecture à l'égard de la construction des voûtes, par les exemples que va nous fournir la considération de certains fruits.

Coupons une orange en deux, nous obtenons deux demi-calottes, à peu près sphériques. L'orange, étant le fruit le plus rond, sa moitié est la forme exacte de la coupole ou du dôme, voûte appelée aussi *plein cintre*; il suffit de grandir l'objet par la pensée.

Coupons un de ces melons à côtes que nous choisirons d'une forme de boule allongée, ou sphéroïde; et le tenant couché, coupons-le horizontalement, le grandissant par la pensée, plaçons-nous dessous, il figurera exactement la voûte surbaissée, dite en *anse de panier*; son plan est une ellipse, comme l'indique la coupe horizontale.

Si nous eussions placé le même melon la queue en l'air, c'est-à-dire les côtes en hauteur pour en pratiquer la coupe horizontale du milieu, notre voûte eût pris le caractère allongé qui lui a fait donner le nom de voûte *surmontée*, sur base circulaire.

Enfin, substituons à notre melon une citrouille aplatie, que nous coupons en travers dans sa grande largeur, nous y trouverons le modèle d'une voûte, dite en cul-de-four, ou sphéroïde aplati.

Ces comparaisons famillières suffisent pour fixer l'esprit sur les principales formes des voûtes et les plus connues. Mais dans l'art de bâtir, le mot coupe signifie un joint de pierre incliné ; et pour bien comprendre le sens de cette expression, il faut remarquer que dans les murs bâtis en pierre de taille, chaque pierre étant posée sur un plan de niveau, les joints qui terminent la longueur de ces blocs n'ont pas besoin de contribuer à les soutenir, c'est pourquoi on fait habituellement ces joints verticaux ; mais lorsque le dessous des pierres doit être apparent, comme dans la construction des voûtes, chaque pierre ne pouvant se soutenir sans le secours artificiel des joints, on est obligé de les faire inclinés au lieu d'être d'aplomb, et alors on les nomme coupes. Pour qu'une pierre puisse se soutenir entre deux ou plusieurs autres sans poser sur leur lit, il faut que les coupes soient inclinées en sens contraire, c'est-à-dire que la pierre à soutenir et l'espace que laissent entre elles, celles qui doivent la supporter, aient la forme d'un coin ou d'une pyramide tronquée dont la base serait par le haut.

L'art de la coupe des pierres enseigne aussi à suppléer aux grandes pierres dont on n'a pas toujours le secours, et à réunir la légèreté et l'économie aux conditions de solidité et de beauté.

Pour faire comprendre l'utilité des considérations des corps réguliers géométriques pour la construction, examinons une voûte en berceau en plein cintre : cette voûte pourra être regardée comme un cylindre creux, divisé par des plans ou joints, qui tendent tous à l'axe central qu'on imaginera exister dans le milieu de toute la longueur du demi-cylindre de la voûte, de manière que chaque portion de cette voûte aura la figure d'un coin et que les joints seront perpendiculaires à la surface du vide de l'intérieur du cylindre.

Comme toute autre disposition des joints est désagréable et, de plus, peu solide, il est résulté ce principe général que, dans toute sorte de voûtes, la surface intérieure est courbe, et les joints doivent toujours être perpendiculaires à cette surface.

Si la courbure intérieure de la voûte, au lieu d'être circulaire, comme dans un demi-cylindre, était une demi-ellipse, les joints perpendiculaires à cette forme ne tendraient pas à une seule et unique direction, mais à plusieurs, en observant cependant que, si la demi-ellipse est divisée de part et d'autre, en parties symétriques, ou équidistantes de l'axe qui passe par le milieu de la voûte les joints correspondants tendront au même point de cet axe prolongé.

Comme dans la coupe des pierres, on ne considère que les surfaces qui terminent les pierres ou voussoirs, qui doivent former une voûte, on fait abstraction de toute la masse que ces surfaces renferment pour ne considérer que les lignes qui les terminent. Dans cet état de chose, si l'on imagine une lumière qui se propage par des rayons parallèles, et que cette lumière soit perpendiculaire au plan sur lequel est posé le système de voûte représenté par des lignes, il arrivera que l'ombre de ces lignes marquera sur le plan ce qu'on nomme une projection linéaire ; c'est cette projection, que les appareilleurs nomment épure, ou trait de la coupe des pierres. Les appareilleurs sont les personnes dont la profession consiste en ce travail, que les tailleurs de pierres et les ouvriers qui manient le ciseau suivent ensuite. Les voussoirs, ou vousseaux, lorsqu'ils sont taillés, sont des pierres d'assemblage qui forment les voûtes ; ils ont six côtes ou surfaces. Le mot voussure se dit de la hauteur la plus élevée de la voûte, on nomme aussi arrière-voussures, les ouvertures des portes ou des fenêtres qui se forment en arc.

Dans le tracé des épures, plusieurs lignes sont en raccourci ; d'autres, au contraire conservent leurs vraies longueurs c'est ce qui nécessite aux appareilleurs l'emploi des élévations de face et de différents profils, afin d'avoir les véritables longueurs et développements de toutes les parties raccourcies sur l'épure. On emploie, une fois l'épure faite, pour tracer les pierres trois moyens différents ; l'équarissement, le procédé par panneaux et celui par demi-équarissement ; la science de l'aparcilleur, consiste à connaître celui de ces trois moyens qui convient le mieux, tant pour l'économie de la pierre et de la main d'œuvre que pour la perfection de l'ouvrage.

D'après ce qui précède, pour se former une idée exacte des difficultés du trait de la coupe des pierres, il faut considérer particulièrement les corps réguliers qui doivent former le vide de leur capacité, tracer sur la circonférence de ces corps, les lignes qui doivent indiquer les rangs des voussoirs en pierre de taille dont elles doivent être formées en adoptant pour principe : 1° que dans toute voûte en berceau cylindrique, les rang de voussoirs doivent lêtre parallèles à l'axe, quelle que soit leur situation ; 2° que dans les voûtes coniques, les lignes qui indiquent ces rangs doivent toujours et invariablement tendre au sommet du cône.

Dans tous les cas, dans les voûtes sphériques, appelées aussi coupoles ou dômes, il faut construire par rangs de voussoirs horizontaux, formant des couronnes concentriques ; de même aussi dans les voûtes sphéroïdes et conoïdes, c'est-à-dire dont le plan est circulaire et la courbure elliptique ou celle de quelque section conique.

La forme des voûtes peut être très-variée. Les monuments qui embellissent toutes les grandes villes fourniront aux amateurs un sujet continuel d'études fort intéressantes sur ce sujet.

APPLICATION
des connaissances précédentes à la considération des formes de la nature.

L'ensemble des connaissances élémentaires de ce petit traité, que j'ai cherché à dépouiller de toute prétention scientifique, ne saurait profiter au lecteur si je n'insistais particulièrement sur la nécessité de les adapter continuellement à nos usages.

La géométrie est fille de la nature et de l'observation. La régularité, la symétrie, l'ordre sont les bases de tous principes de beauté.

La contemplation de l'univers nous le démontre à chaque pas. Sans le secours de l'observation sur tous les objets qui se présentent à nos regards, nous ne saurions rien produire ni créer d'utile ou d'agréable. On se convaincra, par une simple promenade aux galeries de Minéralogie et d'Histoire naturelle, que les corps si variés des métaux et de tout ce que renferme le sein de la terre sont empreints des formes les plus régulières, et les personnes

animées d'instincts artistiques éprouveront un plaisir tout particulier à reconnaître dans l'étude de la cristallographie les lois de
la symétrie la plus admirable.

Les coquillages et les autres créations de Dieu dans les trois
règnes renouvelleront sans cesse les occasions de remarquer et
d'admirer les sublimités de la nature.

L'architecture des animaux, les palais réguliers des abeilles,
les travaux incroyables des insectes seront toujours des leçons
intéressantes. Le goût des arts ne se développe que par la culture
du goût de la nature.

Il faut aimer et chercher la nature pour créer.

Les arts du dessin, la peinture, la sculpture et l'architecture
sont dénués de tout intérêt pour ceux qui n'aiment pas la nature,
et ne se sentent pas entraînés instinctivement vers son étude.

Cultivons donc l'amour du beau chez nous par la connaissance
du vrai. Les notions mathématiques sont les moyens les plus di-
rects pour y arriver; leur simplicité nous aidera toujours à l'analyse des formes les plus composées, et notre mémoire, sans laquelle
nous ne saurions imaginer, perfectionner ou choisir le beau idéal
que nous recherchons, trouvera toujours dans les figures régulières du dessin linéaire les points de comparaison les plus utiles à
l'intelligence et à fixer le souvenir des formes qui ne nous sont
pas familières.

En jetant les yeux sur les spécimens d'architecture ou de déco-
ration qui s'offrent incessamment à nous, notre intelligence découvrira dans les rosaces des plafonds, dans les répétitions multi-
pliées et symétriques des formes les imitations capricieuses em-
pruntées à la géométrie et à la nature.

Les végétaux, les fleurs, les arbres sont les sources des plus
belles inspirations ornementales; la symétrie et la beauté des
formes et des couleurs y apparaissent dans tout leur effet,

Si nous étudions avec quelque attention les monuments les plus
simples de l'architecture, nous verrons que cet art est un de ceux
qui exigent le plus de profondeur d'observation, puisqu'il n'em-
prunte à la nature que des qualités abstraites, sans copier directement les objets de la création. Exemple : un vase est une forme
abstraite, architecturale qui n'est belle que si le choix et les pro-

portions des formes qui le composent réveillent en nous le souvenir de formes observées ailleurs, et tirées d'objets qui nous ont charmés. Les formes abstraites sont là des échos de souvenirs agréables. Le profil du vase Médicis rappelle dans ses courbures les courbes admirées par nous dans le cygne.

Les qualités de souplesse onduleuse de certains reptiles plaisent à nos yeux et à notre âme, quand nous les voyons répétées et transformées sous forme d'anse ; en un mot, le grandiose des monuments ne tient qu'au souvenir du grandiose observé dans la nature, qu'il réveille mystérieusement en nous.

Le carré C de la planche III renferme une réunion de formes de solides ou de principes élémentaires, dont l'ornemaniste applique les combinaisons aux inventions des vases utiles à l'industrie ou simplement destinés à l'embellissement et à la parure de nos habitations.

Les vases qui viennent en dessous de ces formes suffisent à faire comprendre les passages des surfaces et leurs oppositions ; on y retrouve aisément les courbes par raccordements dont nous avons parlé.

Le carré B donne la série des moulures qui servent d'ornement à l'architecture, tant droites que circulaires.

1 Réglet ou bandelette Larmier.	2 Plate-bande.	3 Quart de rond.
4 Quart de rond plat. Baguette.	5 Tore ou boudin. Gorge.	6 Gorge. Cavet.
7 Cavet renversé. Congé ou petit cavet.	8 Scotie. Scotie renversée.	9 Talon. Talon plat.
10 Talon. Talon renversé.	11 Doucine. Doucine aplatie.	12 Doucine. Doucine renversée.

Il est à remarquer que les personnes qui s'habituent de bonne heure à l'intuition des analogies de formes, de couleurs et de pensées dans tout ce qu'elles apprennent à observer sont très-faciles à diriger, au point de vue du goût, dans leur éducation artistique.

L'artiste décorateur industriel a un besoin spécial de développer le talent de saisir les analogies pour l'appliquer à ses œuvres.

Les qualités de style dans le décor tiennent à ce talent d'appliquer l'observation ainsi : L'inventeur d'arabesque qui saura employer avec sagacité des motifs empruntés à la nature, qui se caractérisent par la délicatesse et l'élégance, donnera infailliblement à son œuvre un cachet d'élégance et de délicatesse; mais s'il entremêlait aux détails de sa composition des motifs choisis parmi des objets pesants, massifs ou doués de caractères tout à fait opposés, on en serait choqué, et l'effet de sa création deviendrait absurde, et par cela même désagréable.

Les physionomies humaines ont avec les animaux des analogies qui frappent tout le monde : l'art peut toujours gagner à les connaître pour les faire ressortir ou les dissimuler à propos; ce qui démontre l'évidence de ce principe si bien exprimé par Chateaubriand : Le beau consiste à choisir et à cacher.

Pantin artistique servant à l'étude de la composition.

Il sera aisé de se fabriquer un modèle en carton mince, d'après la planche IV. On en fixera les articulations au moyen d'un peu de fil.

Ce pantin, dont on fabriquera plusieurs modèles, est destiné à la recherche d'une composition à personnages plus ou moins nombreux. Il aidera à trouver les attitudes des figures que l'on veut grouper, en observant que si la composition dont on conçoit la pensée exige par les convenances du sujet une série de plans les uns derrière les autres, les pantins qui serviront au premier plan devront être plus grands que ceux du second, d'après les règles de la perspective.

Notre planche donne deux pantins, l'un debout un fusil en main, causant avec un autre assis et en repos, figurant un chasseur conversant avec un ami. L'un est de face et l'autre de trois quart. Si l'on désirait un pantin de profil, il serait facile d'en dessiner un du même genre, les deux jambes et les deux bras devront être de même forme et la jambe droite cacherait la jambe gauche s'il était debout.

On s'exercera à grouper de petits sujets à deux figures d'abord, puis à trois, puis à quatre et davantage ensuite. Ce sera un moyen de fixer ses observations sur des attitudes qu'on aura pu remarquées dans la nature.

On les habillera ensuite facilement en dessinant les costumes par-dessus le trait des pantins qu'on aura disposés pour le sujet qu'on veut traiter : ce qui exigera déjà un certain degré d'avancement dans l'étude du dessin.

On trouvera beaucoup de plaisir et un plaisir profitable à reproduire ainsi, à l'aide d'un certain nombre de ces pantins de différentes grandeurs la composition d'un tableau connu d'après une gravure. On se perfectionnera par là dans l'étude du geste exprimant les passions humaines. Les scènes de théâtre y contribueront aussi.

La composition d'un tableau est un art qu'on apprend toute la vie et qui exige avant tout le génie de l'observation sur la nature et beaucoup de mémoire.

On ne saurait donc trop recommander aux personnes qui veulent s'y adonner de s'exercer à observer beaucoup et à se souvenir également de leurs remarques. Le petit moyen que nous donnons ici est utile au développement de l'invention. Les peintres se servent pour leurs compositions de mannequins en bois articulés et bien proportionnés, pour se rendre compte des mouvements et attitudes de leurs personnages ; mais il faut déjà être fort accoutumé au dessin d'après nature et à la perspective pour tirer bon parti de leur emploi. Les pantins découpés nous ont donc paru d'un usage plus facile et plus directement approprié aux besoins des commençants.

FIN.

ERRATA.

Au titre, ligne 13, *lisez :* solides, *au lieu de :* soldes.

Page 16, ligne 4, *au lieu de :* se former par la surface, etc., *lisez :* se fermer.

Page 17, ligne 17, *ajoutez :* (Voir planche II) U et U' sont des angles plans.

Page 18, lgne 5, après le mot inverse, *ajoutez* une virgule. — Même page, ligne 15, *au lieu de :* à modeler, *lisez :* de.

Même page, ligne 25, *au lieu de :* suppose exciter, *lisez :* exister.

Page 22, ligne 2, *au lieu de :* par le feu, *lisez :* pour le feu).

Même page, ligne 7, en partant d'en bas, *ajoutez :* une r au mot corridor.

Page 23, ligne 1, *ajoutez :* e à sénographique.

Page 25, ligne 11, *ajoutez :* bissection et trissection signifie coupure en deux, en trois.

Lith H. Jannin r de Sorbonne 14 Paris

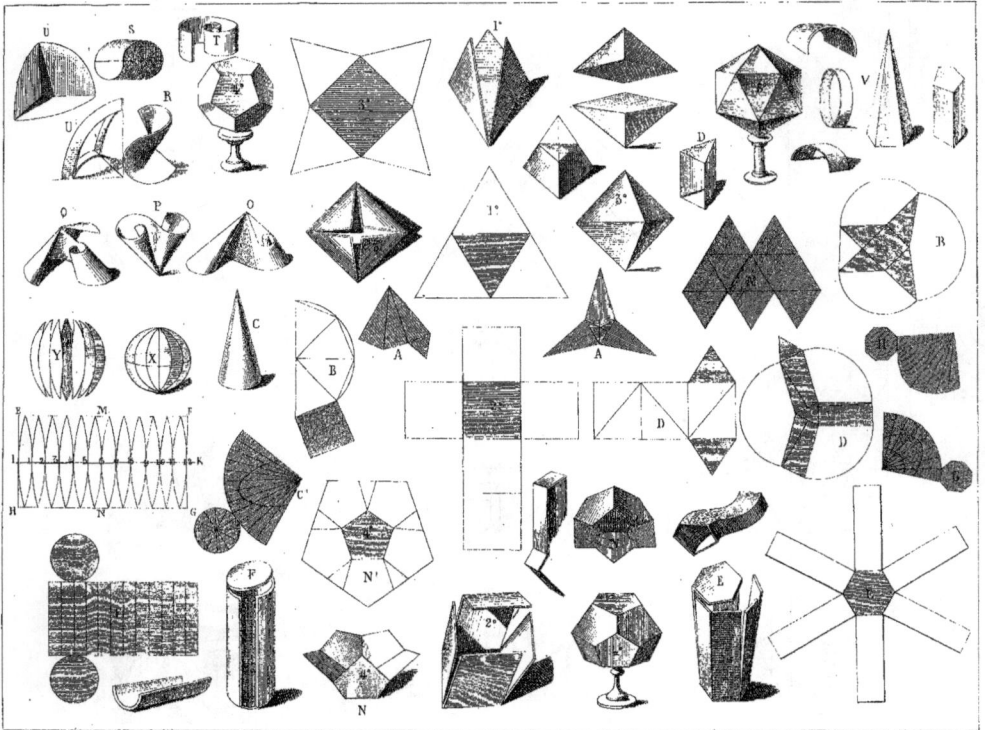

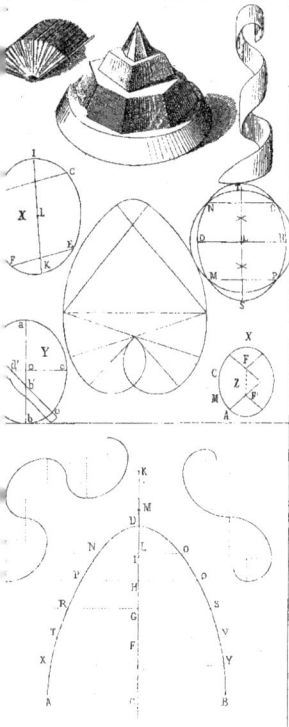

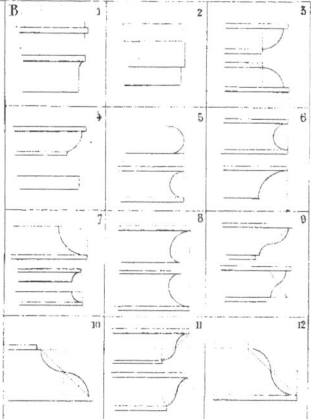

Lith R Jonnot, Paris.

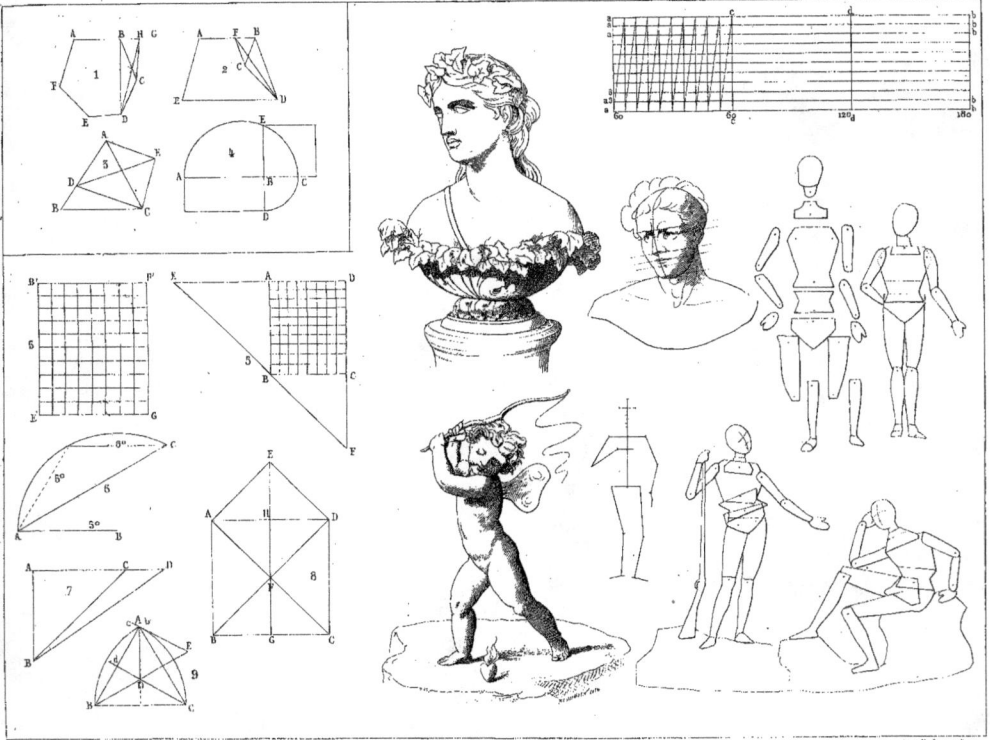

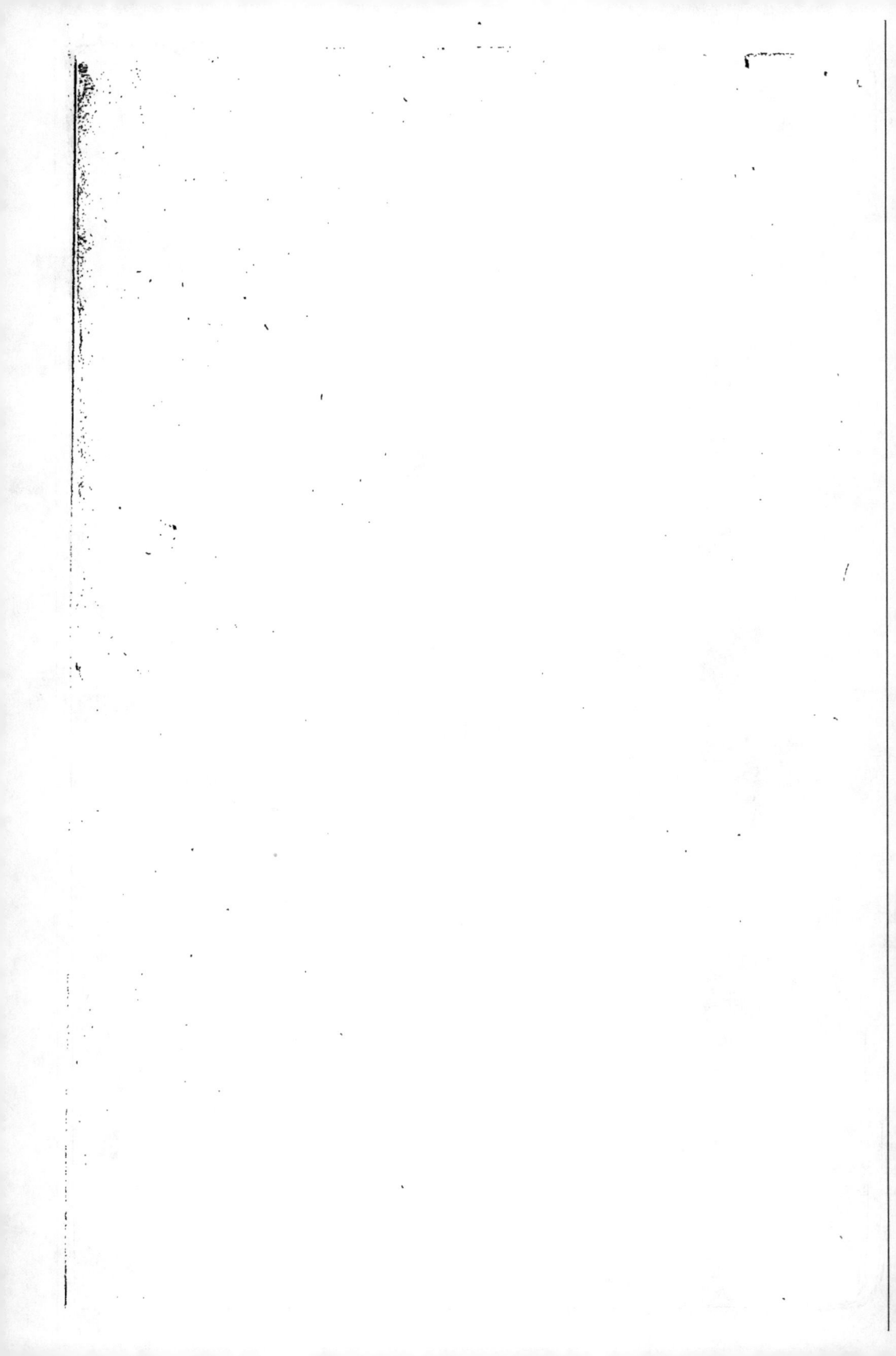

En vente, chez le même Libraire.

ANNUAIRE de la PHOTOGRAPHIE.

Résumé des procédés les meilleurs pour la plaque métallique, le papier sec et humide, la glace albuminée ou collodionée, la gravure héliographique, la lithophotographie, le cliché typographique, le stéréoscope, l'amplification des images, avec l'indication des instruments nouveaux et la nomenclature des traités spéciaux sur chacune de ces différentes matières, par J.-B. De-LESTRE. 1 vol. in-8°... 4 fr.

PHOTOGRAPHIE au SPERMACÉTI

Et peinture à la cire, ou l'art de la miniature, sans savoir ni peindre, ni dessiner, par Elie Pinot. 2e édition, in-8°. Prix................. 3 fr.

TRAITÉ de TAXIDERMIE,

Ou l'art de mégir, de parcheminer, d'empailler, de monter les peaux de tous les animaux, de prendre, préparer et conserver les Papillons et autres Insectes, précédés des procédés Gannal; 4e édition........ 1 fr.

LETTRES sur la MINIATURE,

Traité par MANSION, élève d'ISABEY. 1 vol. de 244 pages.........

ÉTUDES des PASSIONS

Appliquées aux beaux-arts, etc. 1 vol. in-8°, par DELESTRE.... 3 fr. 50

RECUEIL d'ANATOMIE

Portatif à l'usage des artistes, par Hip. POQUET. 1 vol.......... 5 fr.

Le MÉCANICIEN-CONSTRUCTEUR

De Machines à vapeur, ouvrage utile aux Constructeurs, Inventeurs, Ouvriers mécaniciens, Fumistes, Industriels, Dessinateurs, etc., par P.-Ch. JOUBERT, auteur de plusieurs ouvrages scientifiques.................... 1 fr.

L'ART de PRÉPARER les PLANTES

Marines et d'eau douce, pour les conserver dans les collections d'histoire naturelle, et en former des Albums pour leur étude. In-12. Prix. 1 fr.

PEINTURE LITHOCHROMIQUE,

Ou Imitation sur toile, et l'Art de donner aux objets dessinés au crayon, à l'estompe, aux lithographies, gravures, etc., l'apparence d'une jolie peinture à l'huile, suivie des Procédés pour peindre et décalquer sur le bois et les écrans, et d'obtenir, avec un petit nombre de couleurs, toutes espèces de nuances. 5e édition.................................. 75 c.

PEINTURE ORIENTALE,

Ou l'Art de peindre sur papier, mousseline, velours, bois, etc., et de décalquer sur verre. 3e édition, grand in-18.................... 75 c.

www.ingramcontent.com/pod-product-compliance
Lightning Source LLC
Chambersburg PA
CBHW071215200326
41519CB00018B/5530